연산의 **발견**

11권

초등
6학년

"엄마, 고마워!"라는 말을 듣게 될 줄이야!

모든 아이들은 공부를 잘하고 싶어 한다. 부모가 아이의 잘하고 싶은 마음에 대해 믿음을 가지고 도와주는 것이 중요하다. 무작정 이것저것 많이 시켜 부담을 주는 것이 아니라 부모가 내 공부를 도와주고 있다는 마음이 전해지면 아이는 신이 나서 공부를 한다. 수학 공부에 있어서는 꼼꼼하게 비교해 좋은 문제집을 추천해주는 것이 바로 그 마음이 될 것이다. 『개념연결 연산의 발견』을 가까운 초등 부모들에게 미리 주어 아이들이 풀어보도록 했다. 많은 부모들이 아이가 문제 푸는 재미에 푹 빠졌다고 했으며, 문제뿐만 아니라 친절한 개념 설명과 고학년까지 연결되는 개념의 연결에 열광했다. 아이들이 겪게 되는 수학 공부의 어려움을 꿰뚫고 있는 국내 최고의 수학교육 전문가와 현직 교사들의 합작품답다. 아이의 수학 때문에 고민하는 부모들에게 자신 있게 추천한다. 이 책은 마지못해 억지로 하는 공부가 아니라 자발적으로 자신의 문제를 해결해가는 성취감을 맛보게 해줄 것이다. "엄마 덕분에 수학에 자신감이 생겼어요!" 이렇게 말하는 아이의 모습이 그려진다.

박재원(사람과교육연구소 부모연구소장)

연산을 새롭게 발견하다!

잘못된 연산 학습이 아이를 망친다

　아이의 수학 공부 때문에 골치 아파하는 초등 부모님을 많이 만났습니다. "이러다 '수포자'가 되면 어떡하나요?" 하고 물어 오는 부모님을 만날 때마다 수학의 본질이 무엇인지, 장차 우리 아이들이 초등 시절을 지나 중·고등학생이 되었을 때 수학 공부가 재미있고 고통이지 않으려면 어떻게 해야 하는지, 근본적인 고민을 반복했습니다. 30여 년 중·고등학교에서 수학을 가르치며 아이들에게 초등수학 개념이 많이 부족함을 느꼈고, 초등학교 때의 결손이 중·고등학교를 거치며 눈덩이처럼 커지는 것을 목도했습니다. 아이러니하게도 중·고등학교 현장을 떠난 후에야 초등수학을 제대로 공부할 기회가 생겼고, 학생들의 수학 공부법을 비로소 정립할 수 있어 정말 행복했습니다. 그러나 기쁨도 잠시, 초등 부모님들의 고민은 수학의 본질이 아니라 눈앞의 점수라는 사실을 알게 되었습니다. 결국 연산이었지요. 연산이 수학의 기초임은 두말할 나위 없는 사실인데, 오히려 수학 공부에 장해가 될 줄은 꿈에도 생각지 못했습니다. 초등수학 교과서를 독파하고도 깨닫지 못한 현실을 시중에 유행하는 연산 학습법이 알려주었습니다. 교과서는 연산의 정확성과 다양성을 추구합니다. 그리고 이것이 연산 학습의 본질입니다. 그런데 시중의 연산 학습지 대부분은 정확성과 다양성보다 빠른 계산 속도와 무지막지한 암기를 유도합니다. 그리고 상당수 부모님이 이것을 받아들여 아이들을 속도와 암기에 몰아넣습니다.

좌절감과 열등감을 낳는 연산 학습

　속도와 암기는 점수를 높여줄 수 있다는 장점을 갖지만, 그보다 많은 부작용을 안고 있습니다. 빠른 계산 속도에 대한 집착은 아이에게 좌절감과 열등감을 줍니다. 본인의 계산 속도라는 것이 있는데 이를 무시하고 가장 빠른 아이의 속도에 맞추기만 하면 무한의 속도 경쟁에서 실패자가 되기 쉽습니다. 자기 속도에 맞지 않으면 자기주도가 될 수 없으니 타율 학습이 됩니다. 한쪽으로 자기주도학습을 강조하면서 연산 학습에서는 타율 학습을 강요하면 아이들의 '자기주도'는 점점 멀어질 수밖에 없습니다. 또 무조건적인 암기는 이해를 동반하지 않으므로 아이들이 수학을 암기 과목으로 여기게 만들고, 이 때문에 많은 아이가 중·고등학교에 올라가 수학을 싫어하게 됩니다. 아이들은 연산 공부와 여타의 수학 공부를 달리 보지 못합니다. 연산을 공부할 때처럼 모든 수학 공부를 무조건적인 암기와 빠른 시간 안에 답을 맞혀야 한다고 생각합니다. 이러한 생각은 중·고등학교를 넘어 평생 갑니다. 그래서 성인이 된 뒤에도 자신의 자녀들에게 이런 식의 연산 학습을 시키는 데 주저하지 않게 됩니다.

수학이 좋아지는 연산 학습을 개발하다

이 두 가지 부작용을 해결하기 위해 많은 부모님을 설득했지만 대안이 없었습니다. 부모님 스스로 해결하는 경우가 드물었습니다. 갈수록 피해가 커지는 현상을 막아야겠다고 결심했습니다. 그래서 현직 초등 교사들과 의논하고 이들을 설득해 초등 연산 학습을 정리하고 그 결과를 책으로 내게 되었습니다. 교사들이 나서서 연산 학습을 주도한다는 비난을 극복하고 연산을 새롭게 발견하는 기회를 제공해야 한다는 일념으로 이 책을 만들었습니다. 우리 아이가 처음으로 접하는 수학인 연산은 즐거워야 합니다. 아이를 사랑하는 마음으로 제대로 된 연산 문제집을 만들어보자고 했을 때 흔쾌히 따라준 개념연산팀 선생님들에게 감사드립니다. 지난 4년여 동안 휴일과 방학을 반납하고 학생들의 연산 학습 실태 조사, 회의와 세미나, 집필 등에 온 힘을 쏟아주셨습니다. 그리고 먼저 문제를 풀어보고 다양한 의견을 주신 박재원 소장님과 부모님들께 감사의 말씀을 전합니다.

전국수학교사모임 개념연산팀을 대표하여

최수일 씀

연산의 발견은 이런 책입니다!

❶ 개념의 연결을 통해 연산을 정복한다

기존 문제집들이 문제 풀이 중심인 반면,『개념연결 연산의 발견』은 관련 개념의 연결과 핵심적인 개념 설명으로 시작합니다. 해당 문제가 이해되지 않으면 전 단계의 문제를 다시 풀고, 확장된 내용이 궁금하면 다음 단계 개념에 해당하는 문제를 바로 풀어볼 수 있는 장치입니다. 스스로 부족한 부분이 어디인지 쉽게 발견하여 자기주도적으로 복습 혹은 예습을 할 수 있습니다. 개념연결을 통해 고학년이 되어서도 결코 무너지지 않는 수학의 기초 체력을 키울 수 있습니다. 연산을 구조화시켜 생각하게 만드는 개념연결은 1~6학년 연산 개념연결 지도를 통해 한눈에 확인할 수 있습니다. 연산을 공부할 때부터 개념의 연결을 경험하면 수학 전체를 공부할 때도 개념을 연결하는 습관을 가질 수 있습니다.

❷ 현직 교사들이 집필한 최초의 연산 문제집

시중의 문제집들과 달리, 30여 년간 수학교사로 근무하고 수학교육의 혁신을 위해 시민단체에서 활동하고 있는 최수일 박사를 팀장으로, 수학교육 석·박사급 현직 교사들이 중심이 되어 집필한 최초의 연산 문제집입니다. 교육 경험이 도합 80년 이상 되는 현직 교사들의 현장감과 전문성을 살려 문제를 풀며 저절로 개념을 연결시키는 연산 프로그램을 만들었습니다. '빨리 그리고 많이'가 아닌 '제대로 그리고 최소한'으로 최대의 효과를 얻고자 했습니다. 내용의 업그레이드 뿐 아니라 형식에서도 현직 교사들의 경험을 반영해 세세한 부분까지 기존 문제집의 부족한 부분을 개선했습니다. 눈의 피로와 지우개질까지 생각해 연한 미색의 질긴 종이를 사용한 것이 좋은 예가 될 것입니다.

❸ 설명하지 못하면 모르는 것이다 –선생님놀이

아이들은 연산에서 실수가 잦습니다. 반복된 연산 훈련으로 개념을 이해하지 못하고 유형별, 기계적으로 문제를 마주하기 때문입니다. 연산 실수는 훈련으로 극복되기도 하지만 이는 근본적인 해법이 아닙니다. 답이 맞으면 대개 이해했다고 생각하며 넘어가는데, 조금 지나면 도로 아미타불인 경우가 많습니다. 답이 맞았다고 해도 풀이 과정을 말로 설명하지 못하면 개념을 이해하지 못한 것입니다. 그래서 아이가 부모님이나 친구 등에게 설명을 하는 문제를 실었습니다. 아이의 설명을 잘 들어보고 답지의 해설과 대조해보면 아이가 문제를 얼마만큼 이해했는지 알 수 있습니다.

❹ 문제를 직접 써보는 것이 중요하다 –필산 문제

개념을 완벽하게 이해하기 위해 손으로 직접 써보는 문제를 배치했습니다. 필산은 계산의 경로가 기록되기 때문에 실수를 줄여주며 논리적 사고력을 키워줍니다. 빈칸 채우는 문제를 아무리 많이 풀어도 직접 식을 써보지 않으면 연산 학습에서 큰 효과를 기대하기 어렵습니다. 요즘 아이들은 숫자를 바르게 써서 하나의 식을 완성하는 데 어려움을 겪는 경우가 많습니다. 연산 학습은 하나의 식을 제대로 써보는 것이 그 시작입니다. 말로 설명하고 손으로 기록하면 개념을 완벽하게 이해할 수 있습니다.

❺ '빠르게'가 아니라 '정확하게'!

초등에서의 연산력은 중학교 이상의 수학을 공부하는 데 기초가 됩니다. 중·고등학교 수학은 복잡한 연산을 요구하지 않습니다. 주어진 문제를 이해하여 식을 쓰고 차근차근 해결해나가는 문제해결능력이 더 중요합니다. 초등학교 때부터 문제를 빨리 푸는 것보다 한 문제라도 정확하게 정리하고 풀이 과정이 잘 드러나도록 식을 써서 해결하는 습관이 중·고등학교에 가서 수학을 잘하는 비결입니다. 우리 책에서는 충분히 생각하면서 문제를 풀도록 시간에 제한을 두지 않았습니다. 속도는 목표가 될 수 없습니다. 이해가 되면 속도는 자연히 따라붙습니다.

❻ 학생의 인지 발달에 맞는 문제 분량

연산은 아이가 처음 접하는 수학입니다. 수학은 반복적으로 훈련하는 것이 아니라 생각의 힘을 키우는 학문입니다. 과도하게 많은 문제를 풀면 수학에 대한 잘못된 선입관을 갖게 되어 수학 과목 자체가 싫어질 수 있습니다. 우리 책에서는 아이들의 발달 단계에 따라 개념이 완전히 내 것이 될 수 있도록 학년별로 적절한 수의 문제를 배치해 '최소한'으로 '최대한'의 효과를 낼 수 있도록 했습니다.

❼ 문제 중간 튀어나오는 돌발 문제

한 단원 내에서 똑같은 유형의 문제가 반복적으로 나오면 생각하지 않고 기계적으로 문제를 풀게 됩니다. 연산을 어느 정도 익히면 자동화되는 경향이 있기 때문입니다. 이런 경우 실수가 생기고, 답이 맞을 수는 있지만 완전히 아는 것이 아닐 수 있습니다. 우리 책에는 중간중간 출몰하는 엉뚱한 돌발 문제로 생각의 끈을 놓을 수 없는 장치를 마련해두었습니다. 어떤 문제를 맞닥뜨려도 해결해나가는 힘을 기를 수 있습니다.

❽ 일상의 수학을 강조하다 -문장제

뇌과학적으로 우리의 기억은 일상에 활용할만한 가치가 있는 것을 저장하고, 자기연관성이 있으면 감정을 이입하여 그 기억을 오래 저장한다고 합니다. 우리 책은 일상에서 벌어지는 다양한 상황을 문제로 제시합니다. 창의력과 문제해결능력을 향상시켜 계산이 전부가 아니라 수학적으로 생각하는 힘을 키워줍니다.

11권

초등
6학년

차례

교과서에서는?

1단원 분수의 나눗셈

(자연수)÷(자연수)의 몫의 의미와 몫을 분수로 나타내는 원리를 공부해요. 나아가 (분수)÷(자연수)의 계산 원리와 방법을 공부하고, (분수)÷(자연수)를 (분수)×$\frac{1}{(자연수)}$로 고쳐서 계산하는 방법을 익혀요.

교과서에서는?

2단원 소수의 나눗셈

(소수)÷(자연수)를 자연수의 나눗셈과 분수의 나눗셈으로 바꾸어 계산하는 방법을 공부해요. 자연수의 나눗셈과 같은 방법으로 세로셈으로 계산할 때는 몫의 소수점의 위치를 잘 찍는 것이 중요해요. (소수)÷(자연수)에서 몫을 어림하여 몫의 소수점의 위치가 맞는지 확인할 수 있어요.

이미 학습한 자연수의 나눗셈 방법과 분수, 소수의 개념을 바탕으로 분수의 나눗셈과 소수의 나눗셈의 기초를 학습합니다. 비와 비율의 개념을 처음으로 학습하고 비율을 분수와 소수, 나아가 백분율로 나타냅니다. 평면도형의 둘레와 넓이를 구하는 방법을 토대로 직육면체의 부피와 겉넓이 구하는 방법을 배우고, 여러 가지 방법으로 직육면체의 부피와 겉넓이를 구합니다.

교과서에서는?

4단원 비와 비율

비와 비율의 개념을 공부하고 생활 속에서 어떻게 사용되는지 알아봐요. 두 양의 크기를 비교하는 상황을 통해 비의 개념을 이해하고 그 관계를 비로 나타내며, 비율을 이해하고 비율을 분수, 소수로 나타내요. 나아가 백분율을 이해하고 비율을 백분율로 나타내요.

교과서에서는?

6단원 직육면체의 부피와 겉넓이

직육면체의 부피와 겉넓이를 구하는 방법을 배워요. 이미 학습한 평면도형의 둘레를 구하는 방법과 단위넓이를 이용하거나 합동인 면, 전개도를 이용할 수 있어요. 직육면체의 겉넓이의 단위는 cm^2, m^2를 사용하고, 부피의 단위는 cm^3, m^3를 사용해요.

연산의 발견
사용 설명서

나?
내 이름은
똑개!

똑똑한 개념연결,
똑개야!

각 단계의 제목

새 교육과정의
교과서 진도와 맞추었어요.
학교에서 배운 것을 바로 복습하며
문제를 풀어봐요. 하루에 두 쪽씩
진도에 맞춰 문제를 풀다 보면
나도 연산왕!

개념연결

구체적인 문제와 문제의 연결로 이루어져 있어요.
실수가 잦거나 헷갈리는 문제가 있다면
전 단계의 개념을 완전히 이해 못한 것이에요.
자기주도적으로 복습 혹은 예습을 할 수 있게 도와줍니다.

배운 것을 기억해 볼까요?

이전에 학습한 내용을 알고 있는지
확인해보는 선수 학습이에요.
개념연결과 짝을 이뤄 학습 결손이
생기지 않도록 만든 장치랍니다.
배웠다고 넘어가지 말고 어떻게 현 단계와
연결되는지 생각하면서 문제를 풀어보세요.

30초 개념

교과서에 나와 있는 개념 설명을 핵심만 추려
정리했어요. 해당 내용의 주제나 정리를
제목으로 크게 넣었어요. 제목만 큰 소리로 읽어봐도
개념을 이해하는 데 도움이 될 거예요.
그 아래에는 자세한 개념 설명과 풀이 방법을 넣었어요.

십의 자리에서 받아내림이 있는
6단계 (세 자리 수)-(세 자리 수)

개념연결

2-1덧셈과 뺄셈 (몇십몇)-(몇십몇)	3-1덧셈과 뺄셈 받아내림이 없는 뺄셈	받아내림이 한 번 있는 뺄셈	3-1덧셈과 뺄셈 받아내림이 두 번 있는 뺄셈
51-31=[10]	397-146=[251]	546-375=[215]	647-289=[355]

배운 것을 기억해 볼까요?

1 45-16=☐
☐+16=45

2   4 7 5
  - 1 4 3

3   5 2
  - 1 9

십의 자리에서 받아내림이 있는 세 자리 수의 뺄셈을 할 수 있어요.

30초 개념 빼는 수의 일의 자리가 클 때는 십의 자리에서 10을 받아내림하여 계산해요.

352-137의 계산 방법

① 일의 자리 계산   ② 십의 자리 계산   ③ 백의 자리 계산

이런 방법도 있어요!

받아내림이 있는 뺄셈도 백의 자리부터 계산할 수 있어요.

월 / 일 / ☆☆☆☆☆

수학은 주어진 문제를 이해하고 차근히 해결해나가는 것이
중요해요. 그래서 시간제한이 없는 대신
본인의 성취를 별☆로 표시하도록 했어요.
80% 이상 문제를 맞혔을 경우 다음 페이지로(별 4~5개),
그 이하인 경우 개념 설명을 다시 읽어보도록 해요.
완전히 이해가 되면 속도는 자연히 따라붙어요.

개념 익히기

30초 개념에서 다루었던 개념이
그대로 적용된 필수 문제예요.
똑개의 친절한 설명을 따라
문제를 풀다 보면 연산의 기본자세를
잡을 수 있어요.

덤

선생님들의 꿀팁이에요.
교육 현장에서 학생들이
자주 실수하거나
헷갈리는 문제에 대해
짤막하게 설명해줘요.

이런 방법도 있어요!

문제를 푸는 방법이 하나만 있는 건 아니에요.
수학은 공식으로만 푸는 것이 아닌,
생각하는 학문이랍니다. 선생님들이 좀 더 쉽게
개념을 이해할 수 있는 방법이나 다르게
생각할 수 있는 방법들을 제시했어요.

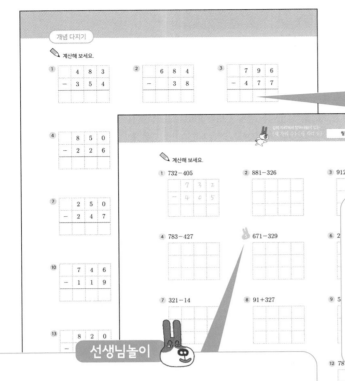

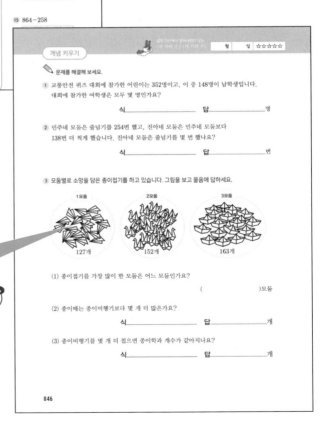

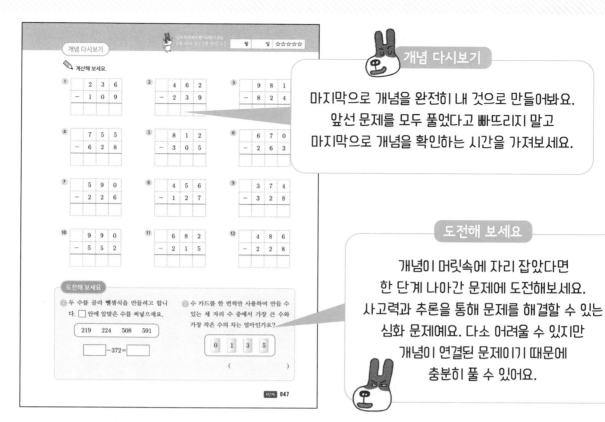

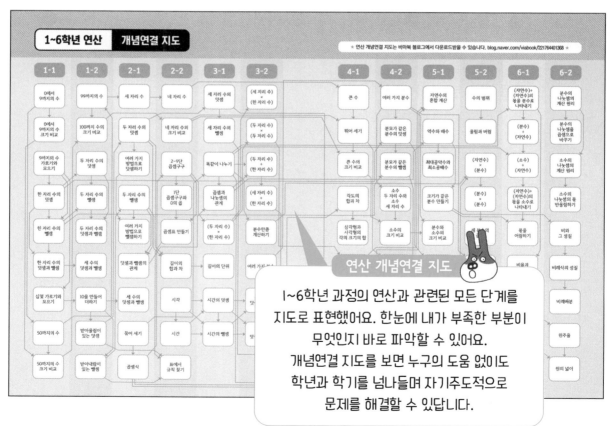

1보다 작은 (자연수)÷(자연수)의
몫을 분수로 나타내기

개념연결

3-2나눗셈	5-1약분과 통분	1보다 작은 (자연수)÷(자연수)의 몫	6-1분수의 나눗셈
(자연수)÷(자연수)	약분하기		1보다 큰 (자연수)÷(자연수)의 몫
$10÷2=\boxed{5}$	$\dfrac{4}{10}=\boxed{\dfrac{2}{5}}$	$1÷3=\boxed{\dfrac{1}{3}}$	$3÷2=\boxed{\dfrac{3}{2}}=\boxed{1\dfrac{1}{2}}$

배운 것을 기억해 볼까요?

1 (1) $18÷9=$

   (2) $24÷6=$

2 (1) $\dfrac{9}{15}=$

   (2) $\dfrac{42}{35}=$

1보다 작은 (자연수)÷(자연수)의 몫을 분수로 나타낼 수 있어요.

30초 개념 ▲개를 똑같이 ●개로 나눌 때 나누어지는 수(▲)는 분자, 나누는 수(●)는 분모가 돼요.

2÷3의 몫을 분수로 나타내기

$$2÷3=\dfrac{2}{3}$$

$1÷3=\dfrac{1}{3}$이고

$2÷3$은 $\dfrac{1}{3}$이 2개이므로

몫은 $\dfrac{1}{3}+\dfrac{1}{3}=\dfrac{2}{3}$예요.

방법 몫을 분수로 나타내기

$$2 ÷ 3 = \dfrac{2}{3}$$

나누어지는 수는 분자,
나누는 수는 분모가 돼요.

개념 익히기

나눗셈의 몫을 그림을 이용하여 분수로 나타내어 보세요.

1 $1 \div 2 = \dfrac{\square}{\square}$

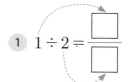

나누어지는 수는 분자로 나누는 수는 분모로 나타내요.

2 $1 \div 3 = \dfrac{\square}{\square}$

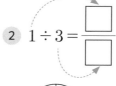

3 $1 \div 4 = \dfrac{\square}{\square}$

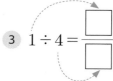

4 $1 \div 5 = \dfrac{\square}{\square}$

5 $1 \div 6 = \dfrac{\square}{\square}$

6 $1 \div 7 = \dfrac{\square}{\square}$

7 $2 \div 3 = \dfrac{\square}{\square}$

8 $3 \div 4 = \dfrac{\square}{\square}$

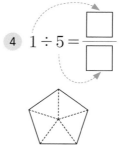

9 $2 \div 5 = \dfrac{\square}{\square}$

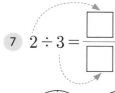
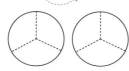
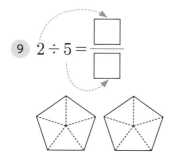

10 $2 \div 7 = \dfrac{\square}{\square}$

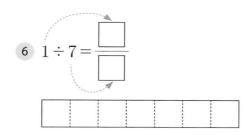
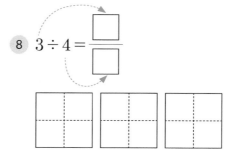
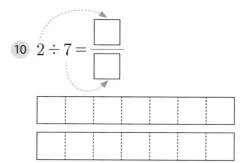

나눗셈의 몫을 그림을 이용하여 분수로 나타내어 보세요.

1 $3 \div 4 = \dfrac{\square}{\square}$

2 $3 \div 5 = \dfrac{\square}{\square}$

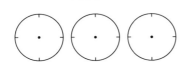

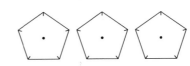

3 $5 \div 6 = \dfrac{\square}{\square}$

4 $3 \div 7 = \dfrac{\square}{\square}$

5 $4 \div 5 = \dfrac{\square}{\square}$

6

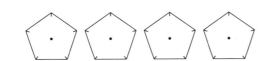

$\dfrac{\square}{\square}$

7 $4 \div 9 = \dfrac{\square}{\square}$

8 $5 \div 8 = \dfrac{\square}{\square}$

9 $7 \div 9 = \dfrac{\square}{\square}$

10 $11 \div 13 = \dfrac{\square}{\square}$

11 $3 \div 11 = \dfrac{\square}{\square}$

12 $2 \div 7 = \dfrac{\square}{\square}$

나눗셈의 몫을 그림을 이용하여 분수로 나타내어 보세요.

1 $2 \div 9$

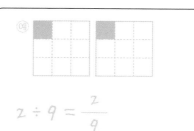

2 $3 \div 8$

3 $4 \div 6$

약분이 되면
약분해요.

4 $3 \div 6$

5 $2 \div 4$

6 $2 \div 3$

7 $\dfrac{1}{4} + \dfrac{5}{16}$

8 $4 \div 9$

개념 키우기

✎ 문제를 해결해 보세요.

① 길이가 5 m인 리본을 똑같이 7조각으로 나누었습니다. 리본 한 조각은 몇 m인가요?

식_____   답_____ m

② 서윤이와 이안이는 각자 사과주스 $\frac{3}{5}$ L와 포도주스 $1\frac{2}{5}$ L를 섞어서 사과 포도 주스를
만들었습니다. 물음에 답하세요.

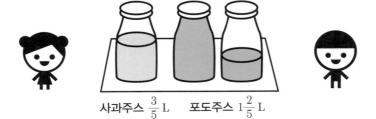

사과주스 $\frac{3}{5}$ L   포도주스 $1\frac{2}{5}$ L

(1) 사과주스와 포도주스를 섞으면 모두 몇 L인가요?

식_____   답_____ L

(2) 서윤이네 가족 4명이 똑같이 나누어 마시면 한 사람이 마실 수 있는 주스는
    몇 L인가요?

식_____   답_____ L

(3) 이안이네 가족 5명이 똑같이 나누어 마시면 한 사람이 마실 수 있는 주스는
    몇 L인가요?

식_____   답_____ L

개념 다시보기

 안에 알맞은 수를 써넣으세요.

① $1 \div 5 = \dfrac{\boxed{}}{\boxed{}}$

② $1 \div 8 = \dfrac{\boxed{}}{\boxed{}}$

③ $4 \div 5 = \dfrac{\boxed{}}{\boxed{}}$

④ $2 \div 3 = \dfrac{\boxed{}}{\boxed{}}$

⑤ $5 \div 6 = \dfrac{\boxed{}}{\boxed{}}$

⑥ $3 \div 7 = \dfrac{\boxed{}}{\boxed{}}$

⑦ $2 \div 11 = \dfrac{\boxed{}}{\boxed{}}$

⑧ $5 \div 9 = \dfrac{\boxed{}}{\boxed{}}$

⑨ $7 \div 9 = \dfrac{\boxed{}}{\boxed{}}$

⑩ $3 \div 13 = \dfrac{\boxed{}}{\boxed{}}$

도전해 보세요

① 1부터 9까지의 자연수 중에서 알맞은 수를 써넣으세요.

$$\boxed{} \div \boxed{} = 1\dfrac{2}{7}$$

② 나눗셈의 몫을 분수로 나타내어 보세요.

(1) $4 \div 3 =$

(2) $7 \div 2 =$

2단계 1보다 큰 (자연수)÷(자연수)의
몫을 분수로 나타내기

개념연결

3-2나눗셈	6-1분수의 나눗셈	 1보다 큰 (자연수)÷(자연수)의 몫	6-1분수의 나눗셈
(몇십)÷(몇)	1보다 작은 (자연수)÷(자연수)의 몫		(분수)÷(자연수)
$30 \div 3 = \boxed{10}$	$1 \div 3 = \boxed{\dfrac{1}{3}}$	$3 \div 2 = \boxed{1\dfrac{1}{2}}$	$\dfrac{2}{6} \div 2 = \boxed{\dfrac{1}{6}}$

배운 것을 기억해 볼까요?

1 (1) $80 \div 4 =$ (2) $90 \div 3 =$ **2** (1) $5 \div 6 =$ (2) $4 \div 9 =$

1보다 큰 (자연수)÷(자연수)의 몫을 분수로 나타낼 수 있어요.

30초 개념 ▲개를 똑같이 ●개로 나눌 때 나누어지는 수(▲)는 분자, 나누는 수(●)는 분모가 돼요. 몫이 가분수이면 대분수로 나타내요.

$3 \div 2$의 몫을 분수로 나타내기

① $3 \div 2 = 1 \cdots 1$을 이용하면

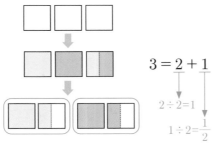

$3 = 2 + 1$

$2 \div 2 = 1$
$1 \div 2 = \dfrac{1}{2}$

② $1 \div 2 = \dfrac{1}{2}$을 이용하면

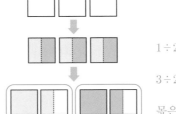

$1 \div 2 = \dfrac{1}{2}$이고

$3 \div 2$는 $\dfrac{1}{2}$이 3개이므로

몫은 $\dfrac{3}{2} \left(= 1\dfrac{1}{2} \right)$이에요.

방법 몫을 분수로 나타내기

$$3 \div 2 = \frac{3}{2} = 1\frac{1}{2}$$ 가분수는 대분수로 나타내요.

나누어지는 수는 분자,
나누는 수는 분모가 돼요.

개념 익히기

✏️ 나눗셈의 몫을 그림을 이용하여 분수로 나타내어 보세요.

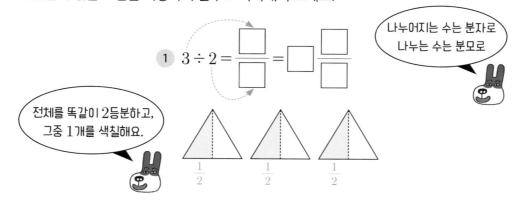

**나누어지는 수는 분자로
나누는 수는 분모로**

1 $3 \div 2 = \dfrac{\square}{\square} = \square \dfrac{\square}{\square}$

**전체를 똑같이 2등분하고,
그중 1개를 색칠해요.**

$\dfrac{1}{2}$　　$\dfrac{1}{2}$　　$\dfrac{1}{2}$

2 $5 \div 4 = \dfrac{\square}{\square} = \square \dfrac{\square}{\square}$ ➡

3 $4 \div 3 = \dfrac{\square}{\square} = \square \dfrac{\square}{\square}$ ➡

4 $6 \div 5 = \dfrac{\square}{\square} = \square \dfrac{\square}{\square}$ ➡

5 $8 \div 7 = \dfrac{\square}{\square} = \square \dfrac{\square}{\square}$ ➡

6 $7 \div 4 = \dfrac{\square}{\square} = \square \dfrac{\square}{\square}$ ➡

7 $7 \div 6 = \dfrac{\square}{\square} = \square \dfrac{\square}{\square}$ ➡

나눗셈의 몫을 그림을 이용하여 분수로 나타내어 보세요.

1 $5 \div 2 = \dfrac{\square}{\square} = \square \dfrac{\square}{\square}$

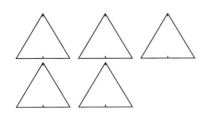

2 $8 \div 5 = \dfrac{\square}{\square} = \square \dfrac{\square}{\square}$

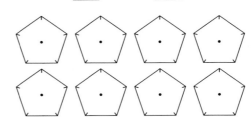

3 $9 \div 6 = \dfrac{\square}{\square} = \square \dfrac{\square}{\square}$

4 $6 \div 4 = \dfrac{\square}{\square} = \square \dfrac{\square}{\square}$

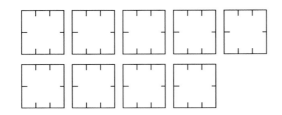

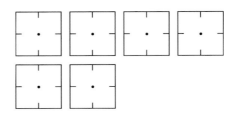

5 $\square \dfrac{\square}{\square}$

6 $10 \div 6 = \dfrac{\square}{\square} = \square \dfrac{\square}{\square}$

7 $7 \div 5 = \dfrac{\square}{\square} = \square \dfrac{\square}{\square}$

8 $6 \div 5 = \dfrac{\square}{\square} = \square \dfrac{\square}{\square}$

9 $12 \div 7 = \dfrac{\square}{\square} = \square \dfrac{\square}{\square}$

10 $17 \div 8 = \dfrac{\square}{\square} = \square \dfrac{\square}{\square}$

✏️ 나눗셈의 몫을 분수로 나타내어 보세요.

1 $7 \div 3$

$$7 \div 3 = \frac{7}{3} = 2\frac{1}{3}$$

2 $9 \div 4$

3 $7 \div 2$

4 $10 \div 6$

5 $9 \div 6$

6 $25 \div 9$

7 $12 \div 7$

8 $2 \times 1\frac{1}{3}$

9 $\frac{7}{5} \times \frac{2}{7}$

10 $20 \div 6$

개념 키우기

✏️ 문제를 해결해 보세요.

1 찰흙 10개를 4명이 똑같이 나누어 작품을
만들려고 합니다. 한 사람이 사용할 수 있는
찰흙의 양을 분수로 나타내어 보세요.

식＿＿＿＿＿＿＿＿＿   답＿＿＿＿＿＿＿개

2 예나는 가족들과 함께 2개의 텃밭을 가꾸려고 합니다. 큰 텃밭에는 3개의 작물을 각각 똑같은
넓이에 심었고, 작은 텃밭에는 2개의 작물을 각각 똑같은 넓이에 심었습니다.
그림을 보고 물음에 답하세요.

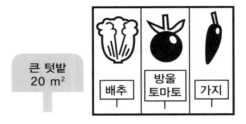

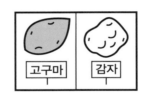

(1) 배추를 심은 곳의 넓이는 몇 m²인가요?

식＿＿＿＿＿＿＿＿＿   답＿＿＿＿＿＿＿ m²

(2) 고구마를 심은 곳의 넓이는 몇 m²인가요?

식＿＿＿＿＿＿＿＿＿   답＿＿＿＿＿＿＿ m²

(3) 배추밭과 고구마밭 중 어느 밭이 얼마나 더 넓은가요?

(   )밭, (   ) m²

개념 다시보기

✏️ 나눗셈의 몫을 분수로 나타내어 보세요.

① $3 \div 2 = \dfrac{\Box}{\Box} = \Box\dfrac{\Box}{\Box}$

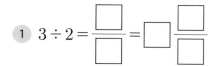

② $7 \div 3 = \dfrac{\Box}{\Box} = \Box\dfrac{\Box}{\Box}$

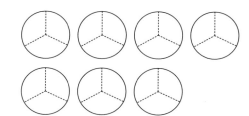

③ $8 \div 6 = \dfrac{\Box}{\Box} = \Box\dfrac{\Box}{\Box}$

④ $5 \div 4 = \dfrac{\Box}{\Box} = \Box\dfrac{\Box}{\Box}$

⑤ $12 \div 7 = \dfrac{\Box}{\Box} = \Box\dfrac{\Box}{\Box}$

⑥ $9 \div 5 = \dfrac{\Box}{\Box} = \Box\dfrac{\Box}{\Box}$

⑦ $29 \div 9 = \dfrac{\Box}{\Box} = \Box\dfrac{\Box}{\Box}$

⑧ $17 \div 8 = \dfrac{\Box}{\Box} = \Box\dfrac{\Box}{\Box}$

도전해 보세요

① 잘못된 곳을 고쳐 바르게 계산해 보세요.

$$12 \div 9 = \dfrac{\overset{3}{\cancel{9}}}{\underset{4}{\cancel{12}}} = \dfrac{3}{4}$$

_____

② 계산해 보세요.

(1) $\dfrac{6}{7} \div 3 =$

(2) $\dfrac{8}{11} \div 4 =$

3단계 (진분수)÷(자연수)

개념연결

3-2나눗셈	5-1약분과 통분		6-1분수의 나눗셈
(몇십몇)÷(몇)	크기가 같은 분수	(진분수)÷(자연수)	(분수)÷(자연수)
$36÷3=\boxed{12}$	$\dfrac{3}{4}=\dfrac{3×\boxed{2}}{4×2}=\dfrac{\boxed{6}}{8}$	$\dfrac{2}{5}÷2=\dfrac{2÷2}{5}=\boxed{\dfrac{1}{5}}$	$\dfrac{2}{8}÷2=\dfrac{2}{8}×\dfrac{1}{2}=\boxed{\dfrac{1}{8}}$

배운 것을 기억해 볼까요?

1 (1) $48÷3=$ (2) $72÷3=$

2 (1) $\dfrac{2}{3}=\dfrac{\Box}{6}=\dfrac{\Box}{9}$ (2) $\dfrac{4}{5}=\dfrac{\Box}{10}=\dfrac{\Box}{15}$

(진분수)÷(자연수)의 몫을 구할 수 있어요.

30초 개념

(진분수)÷(자연수)에서 분자가 자연수의 배수이면 분자를 자연수로 나눠요.
분자가 자연수의 배수가 아니면 분자를 자연수의 배수로 바꾸어 나눠요.

$\dfrac{6}{7}÷3$의 계산

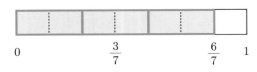

$\dfrac{1}{7}$ 6개를 3으로 나누면 몫은 $\dfrac{2}{7}$예요.

방법 나눗셈식으로 나타내기
(분자)÷(자연수)

$$\dfrac{6}{7} ÷ 3 = \dfrac{6÷3}{7} = \dfrac{2}{7}$$

분자는 그대로

$\dfrac{3}{4}÷2$의 계산

분자가 자연수로 나눠지지 않을 때는 분자가 자연수의 배수인 분수로 바꿔요.

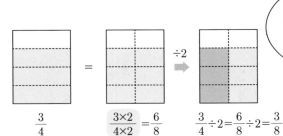

$\dfrac{3}{4}$ $\dfrac{3×2}{4×2}=\dfrac{6}{8}$ $\dfrac{3}{4}÷2=\dfrac{6}{8}÷2=\dfrac{3}{8}$

나눗셈을 그림으로 나타내어 구해 보세요.

① $\dfrac{6}{7} \div 2 = \dfrac{\square}{\square}$

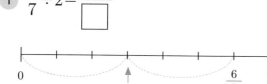

② $\dfrac{3}{5} \div 3 = \dfrac{\square}{\square}$

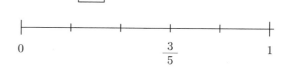

분수만큼 수직선에 나타내고 자연수로 똑같이 나눠요.

③ $\dfrac{8}{11} \div 4 = \dfrac{\square}{\square}$

④ $\dfrac{8}{9} \div 2 = \dfrac{\square}{\square}$

⑤ $\dfrac{2}{5} \div 3 = \dfrac{\square}{\square}$

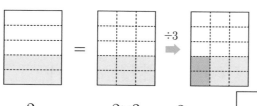

$\dfrac{2}{5}$ ＝ $\dfrac{2\times3}{5\times3}$ $\dfrac{2}{5} \div 3 = \dfrac{\square}{\square} \div 3$

⑥ $\dfrac{5}{6} \div 3 = \dfrac{\square}{\square}$

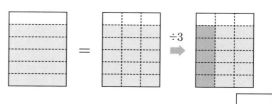

$\dfrac{5}{6}$ ＝ $\dfrac{5\times3}{6\times3}$ $\dfrac{5}{6} \div 3 = \dfrac{\square}{\square} \div 3$

⑦ $\dfrac{2}{3} \div 5 = \dfrac{\square}{\square}$

⑧ $\dfrac{5}{7} \div 2 = \dfrac{\square}{\square}$

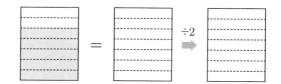

나눗셈을 그림으로 나타내어 구해 보세요.

1 $\dfrac{8}{11} \div 4 = \dfrac{\Box}{\Box}$

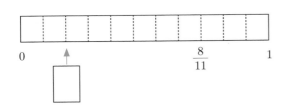

0    $\dfrac{8}{11}$ 1

2 $\dfrac{6}{7} \div 3 = \dfrac{\Box}{\Box}$

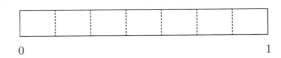

0   1

3 $\dfrac{9}{10} \div 3 = \dfrac{\Box}{\Box}$

0   1

4 $\dfrac{14}{15} \div 7 = \dfrac{\Box}{\Box}$

0   1

5 $\dfrac{1}{2} = \dfrac{\Box}{4} = \dfrac{\Box}{6} = \dfrac{\Box}{8} = \dfrac{\Box}{10}$

6 $\dfrac{3}{5} \div 2 = \dfrac{\Box}{\Box}$

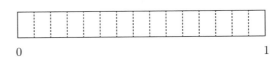

$= \quad \xrightarrow{\div 2}$

7 $\dfrac{5}{6} \div 3 = \dfrac{\Box}{\Box}$

$= \quad \xrightarrow{\div 3}$

8 $\dfrac{2}{3} \div 4 = \dfrac{\Box}{\Box}$

$= \quad \xrightarrow{\div 4}$

 나눗셈을 계산해 보세요.

1 $\dfrac{6}{8} \div 2$

$$\frac{6}{8} \div 2 = \frac{6 \div 2}{8} = \frac{3}{8}$$

2 $\dfrac{8}{9} \div 2$

3 $\dfrac{4}{7} \div 2$

4 $3 \div 7$

5 $\dfrac{8}{9} \div 4$

6 $\dfrac{10}{12} \div 5$

7 $\dfrac{3}{5} \div 2$

8 $\dfrac{2}{4} \div 3$

9 $24 \div 18$

10 $\dfrac{5}{7} \div 4$

개념 키우기

 문제를 해결해 보세요.

1 끈 $\frac{4}{7}$ m를 모두 사용하여 정사각형 모양을 만들었습니다.
정사각형의 한 변의 길이는 몇 m인가요?

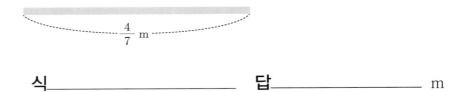

$\frac{4}{7}$ m

식_____ 답_____ m

2 도로의 처음부터 끝까지 일정한 간격으로 가로등 13개를 설치하려면 가로등 사이의 간격을
몇 m로 해야 하는지 구해 보려고 합니다. 그림을 보고 물음에 답하세요.

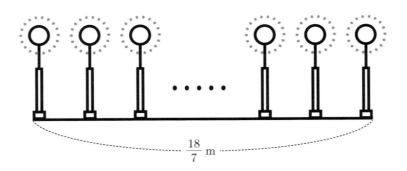

$\frac{18}{7}$ m

(1) 가로등 사이의 간격은 몇 군데인가요?

(　　　　　　　　)군데

(2) 가로등 사이의 간격은 몇 m가 될까요?

식_____ 답_____ m

나눗셈을 계산해 보세요.

1 $\dfrac{6}{7} \div 3 = \dfrac{\square}{\square}$

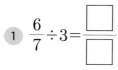

2 $\dfrac{5}{6} \div 4 = \dfrac{\square}{\square}$

3 $\dfrac{1}{4} \div 3 = \dfrac{\square}{\square}$

4 $\dfrac{6}{10} \div 2 = \dfrac{\square}{\square}$

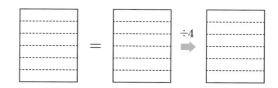

5 $\dfrac{4}{5} \div 2 =$

6 $\dfrac{7}{8} \div 5 =$

7 $\dfrac{5}{7} \div 3 =$

8 $\dfrac{5}{9} \div 8 =$

도전해 보세요

1 잘못된 부분을 고쳐 바르게 계산해 보세요.

$$\dfrac{6}{9} \div 3 = \dfrac{6 \div 3}{9 \div 3} = \dfrac{2}{3}$$

2 계산해 보세요.

(1) $\dfrac{9}{7} \div 3 =$

(2) $\dfrac{15}{12} \div 5 =$

4단계 (분수)×(분수)로 나타내기

개념연결

5-1분수의 곱셈	6-1분수의 나눗셈	(분수)÷(자연수)를 (분수)×(분수)로 나타내기	6-1분수의 나눗셈 (분수)÷(분수)를 (분수)×(분수)로 나타내기
(분수)×(분수) $\dfrac{1}{2}×\dfrac{3}{4}=\boxed{\dfrac{3}{8}}$	(분수)÷(자연수) $\dfrac{3}{6}÷3=\boxed{\dfrac{1}{6}}$	$\dfrac{3}{6}÷3=\dfrac{3}{6}·\dfrac{1}{3}=\boxed{\dfrac{1}{6}}$	$\dfrac{1}{2}÷\dfrac{3}{4}=\dfrac{1}{2}×\dfrac{4}{3}=\boxed{\dfrac{2}{3}}$

배운 것을 기억해 볼까요?

1 (1) $\dfrac{3}{5}×\dfrac{3}{5}=$

 (2) $\dfrac{7}{12}×\dfrac{10}{21}=$

2 (1) $\dfrac{9}{10}÷3=$

 (2) $\dfrac{3}{11}÷5=$

(분수)÷(자연수)를 (분수)×(분수)로 계산할 수 있어요.

30초 개념 (분수)÷(자연수)는 분수를 똑같이 자연수만큼 나눈 것 중의 하나이므로 (분수)× $\dfrac{1}{(자연수)}$ 이에요.

$\dfrac{2}{3}÷3$**의 계산**

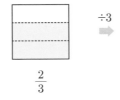 ÷3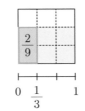

$\dfrac{2}{3}$

방법 곱셈식으로 나타내기

$$\dfrac{2}{3}÷3=\dfrac{2}{3}×\dfrac{1}{3}=\dfrac{2}{9}$$

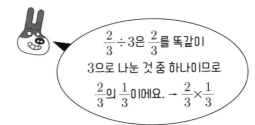

$\dfrac{2}{3}÷3$은 $\dfrac{2}{3}$를 똑같이 3으로 나눈 것 중 하나이므로 $\dfrac{2}{3}$의 $\dfrac{1}{3}$이에요. → $\dfrac{2}{3}×\dfrac{1}{3}$

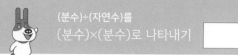
개념 익히기

 나눗셈을 분수의 곱셈으로 나타내어 계산해 보세요.

① $\dfrac{3}{4} \div 2 = \dfrac{3}{4} \times \dfrac{1}{2} = \dfrac{\square}{\square}$

÷(자연수)를
$\times \dfrac{1}{(자연수)}$ 로 바꿔요.

② $\dfrac{4}{5} \div 3 = \dfrac{4}{5} \times \dfrac{1}{3} = \dfrac{\square}{\square}$

③ $\dfrac{5}{7} \div 4 = \dfrac{5}{7} \times \dfrac{1}{\square} = \dfrac{\square}{\square}$

④ $\dfrac{7}{6} \div 5 = \dfrac{7}{6} \times \dfrac{1}{\square} = \dfrac{\square}{\square}$

⑤ $\dfrac{5}{4} \div 4 = \dfrac{5}{4} \times \dfrac{1}{\square} = \dfrac{\square}{\square}$

⑥ $\dfrac{5}{8} \div 3 = \dfrac{5}{8} \times \dfrac{1}{\square} = \dfrac{\square}{\square}$

⑦ $\dfrac{3}{10} \div 2 = \dfrac{3}{10} \times \dfrac{1}{\square} = \dfrac{\square}{\square}$

⑧ $\dfrac{2}{9} \div 5 = \dfrac{2}{9} \times \dfrac{1}{\square} = \dfrac{\square}{\square}$

⑨ $\dfrac{8}{9} \div 2 = \dfrac{8}{9} \times \dfrac{1}{\square} = \dfrac{\square}{\square}$

⑩ $\dfrac{7}{12} \div 4 = \dfrac{7}{12} \times \dfrac{1}{\square} = \dfrac{\square}{\square}$

 덤

$$\dfrac{3}{4} \div 2 = \dfrac{6}{8} \div 2 = \dfrac{6 \div 2}{8} = \dfrac{3}{8} \text{으로 계산할 수도 있어요.}$$

나눗셈을 분수의 곱셈으로 나타내어 계산해 보세요.

1 $\dfrac{4}{3} \div 4 = \dfrac{\square}{\square} \times \dfrac{\square}{\square} = \dfrac{\square}{\square}$

2 $\dfrac{15}{9} \div 3 = \dfrac{\square}{\square} \times \dfrac{\square}{\square} = \dfrac{\square}{\square}$

3 $\dfrac{11}{6} \div 5 = \dfrac{\square}{\square} \times \dfrac{\square}{\square} = \dfrac{\square}{\square}$

4 $4 \div 3 = \dfrac{\square}{\square} = \square \dfrac{\square}{\square}$

5 $\dfrac{16}{7} \div 4 = \dfrac{\square}{\square} \times \dfrac{\square}{\square} = \dfrac{\square}{\square}$

6 $\dfrac{7}{5} \div 3 = \dfrac{\square}{\square} \times \dfrac{\square}{\square} = \dfrac{\square}{\square}$

7 $5 \div 2 = \dfrac{\square}{\square} = \square \dfrac{\square}{\square}$

8 $\dfrac{21}{10} \div 6 = \dfrac{\square}{\square} \times \dfrac{\square}{\square} = \dfrac{\square}{\square}$

9 $\dfrac{9}{4} \div 3 = \dfrac{\square}{\square} \times \dfrac{\square}{\square} = \dfrac{\square}{\square}$

10 $\dfrac{18}{13} \div 9 = \dfrac{\square}{\square} \times \dfrac{\square}{\square} = \dfrac{\square}{\square}$

✏️ 나눗셈을 분수의 곱셈으로 나타내어 계산해 보세요.

1 $\dfrac{2}{5} \div 2$

$$\dfrac{2}{5} \div 2 = \dfrac{2}{5} \times \dfrac{1}{2} = \dfrac{2}{10} = \dfrac{1}{5}$$

2   $\dfrac{5}{6} \div 3$

3 $\dfrac{8}{9} \div 3$

4 $\dfrac{10}{7} \div 4$

5 $1\dfrac{3}{4} \times \dfrac{5}{8}$

6 $\dfrac{8}{5} \div 5$

7 $\dfrac{5}{9} \times \dfrac{5}{6}$

8 $\dfrac{27}{8} \div 6$

9 $\dfrac{27}{5} \div 3$

10 $\dfrac{28}{9} \div 2$

문제를 해결해 보세요.

1 자전거를 타고 일정한 빠르기로 5분 동안 $\frac{7}{5}$ km를 달렸습니다.
자전거를 타고 1분 동안 달린 거리는 몇 km인가요?

식_____ 답_____ km

2 우유 2 L를 3명이 똑같이 나누어 마셨더니 $\frac{1}{3}$ L가 남았습니다.
한 사람이 마신 우유의 양을 알아보려고 합니다. 그림을 보고 물음에 답하세요.

(1) 나누어 마신 우유의 양은 몇 L인가요?

식_____ 답_____ L

(2) 한 사람이 마신 우유의 양은 몇 L인가요?

식_____ 답_____ L

✏️ 나눗셈을 곱셈으로 나타내어 계산해 보세요.

① $\dfrac{3}{4} \div 3 = \dfrac{3}{4} \times \dfrac{1}{\square} = \dfrac{\square}{\square}$

② $\dfrac{5}{7} \div 2 = \dfrac{5}{7} \times \dfrac{1}{\square} = \dfrac{\square}{\square}$

③ $\dfrac{7}{6} \div 4 = \dfrac{7}{6} \times \dfrac{1}{\square} = \dfrac{\square}{\square}$

④ $\dfrac{7}{9} \div 3 = \dfrac{\square}{\square} \times \dfrac{\square}{\square} = \dfrac{\square}{\square}$

⑤ $\dfrac{12}{7} \div 4 =$

⑥ $\dfrac{6}{5} \div 5 =$

⑦ $\dfrac{5}{18} \div 6 =$

⑧ $\dfrac{11}{10} \div 7 =$

도전해 보세요

① $\boxed{3}$, $\boxed{5}$, $\boxed{7}$ 의 수 카드 3장을 모두 사용하여 계산 결과가 가장 작은 나눗셈식을 만들고 몫을 구해 보세요.

(   )

② 계산해 보세요.

(1) $1\dfrac{3}{5} \div 4 =$

(2) $2\dfrac{2}{9} \div 5 =$

개념연결

5-1분수의 곱셈	6-1분수의 나눗셈	(대분수)÷(자연수)	6-1분수의 나눗셈
(분수)×(분수)	(분수)÷(자연수)		(자연수)÷(단위분수)
$1\dfrac{3}{5}\times\dfrac{1}{4}=\boxed{\dfrac{2}{5}}$	$\dfrac{7}{6}\div 7=\boxed{\dfrac{1}{6}}$	$2\dfrac{1}{3}\div 3=\boxed{\dfrac{7}{9}}$	$3\div\dfrac{1}{3}=\boxed{9}$

배운 것을 기억해 볼까요?

1 (1) $2\dfrac{1}{4}\times\dfrac{1}{3}=$

  (2) $1\dfrac{2}{13}\times\dfrac{1}{3}=$

2 (1) $\dfrac{7}{5}\div 14=$

  (2) $\dfrac{7}{9}\div 6=$

(대분수)÷(자연수)의 몫을 구할 수 있어요.

30초 개념

대분수를 가분수로 바꾸어 분자를 자연수로 나누어 계산하거나

분수에 $\dfrac{1}{(자연수)}$을 곱해서 계산해요.

$2\dfrac{2}{3}\div 4$**의 계산**

방법1 (분자)÷(자연수)로 계산하기

$$2\dfrac{2}{3}\div 4=\dfrac{8}{3}\div 4=\dfrac{8\div 4}{3}=\dfrac{2}{3}$$

방법2 나눗셈을 곱셈으로 바꾸어 계산하기

$$2\dfrac{2}{3}\div 4=\dfrac{8}{3}\div 4=\dfrac{\overset{2}{8}}{3}\times\dfrac{1}{\underset{1}{4}}=\dfrac{2}{3}$$

나눗셈을 두 가지 방법으로 계산해 보세요.

① $2\dfrac{2}{5} \div 4$

방법1 $2\dfrac{2}{5} \div 4 = \dfrac{\boxed{}}{5} \div 4 = \dfrac{\boxed{} \div 4}{5} = \dfrac{\boxed{}}{\boxed{}}$

방법2 $2\dfrac{2}{5} \div 4 = \dfrac{\boxed{}}{5} \div 4 = \dfrac{\boxed{}}{5} \times \dfrac{1}{\boxed{}} = \dfrac{\boxed{}}{\boxed{}}$

② $3\dfrac{1}{5} \div 8$

방법1 $3\dfrac{1}{5} \div 8 = \dfrac{\boxed{}}{5} \div 8 = \dfrac{\boxed{} \div 8}{5} = \dfrac{\boxed{}}{\boxed{}}$

방법2 $3\dfrac{1}{5} \div 8 = \dfrac{\boxed{}}{5} \div 8 = \dfrac{\boxed{}}{5} \times \dfrac{1}{\boxed{}} = \dfrac{\boxed{}}{\boxed{}}$

③ $9\dfrac{1}{3} \div 7$

방법1 $9\dfrac{1}{3} \div 7 = \dfrac{\boxed{}}{3} \div 7 = \dfrac{\boxed{} \div 7}{3} = \dfrac{\boxed{}}{\boxed{}} = \boxed{}\dfrac{\boxed{}}{\boxed{}}$

방법2 $9\dfrac{1}{3} \div 7 = \dfrac{\boxed{}}{3} \div 7 = \dfrac{\boxed{}}{3} \times \dfrac{1}{\boxed{}} = \dfrac{\boxed{}}{\boxed{}} = \boxed{}\dfrac{\boxed{}}{\boxed{}}$

④ $3\dfrac{3}{7} \div 6$

방법1 $3\dfrac{3}{7} \div 6 = \dfrac{\boxed{}}{7} \div 6 = \dfrac{\boxed{} \div 6}{7} = \dfrac{\boxed{}}{\boxed{}}$

방법2 $3\dfrac{3}{7} \div 6 = \dfrac{\boxed{}}{7} \div 6 = \dfrac{\boxed{}}{7} \times \dfrac{1}{\boxed{}} = \dfrac{\boxed{}}{\boxed{}}$

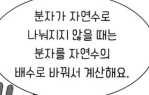

분자가 자연수로 나눠지지 않을 때는 분자를 자연수의 배수로 바꿔서 계산해요.

⑤ $1\dfrac{1}{4} \div 3$

방법1 $1\dfrac{1}{4} \div 3 = \dfrac{\boxed{}}{4} \div 3 = \dfrac{\boxed{} \times \boxed{}}{4 \times \boxed{}} \div 3 = \dfrac{\boxed{} \div 3}{\boxed{}} = \dfrac{\boxed{}}{\boxed{}}$

방법2 $1\dfrac{1}{4} \div 3 = \dfrac{\boxed{}}{4} \div 3 = \dfrac{\boxed{}}{4} \times \dfrac{1}{\boxed{}} = \dfrac{\boxed{}}{\boxed{}}$

나눗셈을 두 가지 방법으로 계산해 보세요.

1 $7\dfrac{1}{2} \div 3$

방법1 $7\dfrac{1}{2} \div 3 = \dfrac{\square}{\square} \div \square = \dfrac{\square \div \square}{\square} = \dfrac{\square}{\square} = \square\dfrac{\square}{\square}$

방법2 $7\dfrac{1}{2} \div 3 = \dfrac{\square}{\square} \div \square = \dfrac{\square}{\square} \times \dfrac{\square}{\square} = \dfrac{\square}{\square} = \square\dfrac{\square}{\square}$

2 $2\dfrac{1}{4} \div 3$

방법1 $2\dfrac{1}{4} \div 3 = \dfrac{\square}{\square} \div \square = \dfrac{\square \div \square}{\square} = \dfrac{\square}{\square}$

방법2 $2\dfrac{1}{4} \div 3 = \dfrac{\square}{\square} \div \square = \dfrac{\square}{\square} \times \dfrac{\square}{\square} = \dfrac{\square}{\square}$

3 $3\dfrac{3}{4} \div 5$

방법1 $3\dfrac{3}{4} \div 5 = \dfrac{\square}{\square} \div \square = \dfrac{\square \div \square}{\square} = \dfrac{\square}{\square}$

방법2 $3\dfrac{3}{4} \div 5 = \dfrac{\square}{\square} \div \square = \dfrac{\square}{\square} \times \dfrac{\square}{\square} = \dfrac{\square}{\square}$

4 $4\dfrac{1}{5} \div 7$

방법1 $4\dfrac{1}{5} \div 7 = \dfrac{\square}{\square} \div \square = \dfrac{\square \div \square}{\square} = \dfrac{\square}{\square}$

방법2 $4\dfrac{1}{5} \div 7 = \dfrac{\square}{\square} \div \square = \dfrac{\square}{\square} \times \dfrac{\square}{\square} = \dfrac{\square}{\square}$

5 $5\dfrac{5}{6} \div 4$

방법1 $5\dfrac{5}{6} \div 4 = \dfrac{\square}{\square} \div \square = \dfrac{\square \times \square}{\square \times \square} \div \square = \dfrac{\square \div \square}{\square}$

$= \dfrac{\square}{\square} = \square\dfrac{\square}{\square}$

방법2 $5\dfrac{5}{6} \div 4 = \dfrac{\square}{\square} \div \square = \dfrac{\square}{\square} \times \dfrac{\square}{\square} = \dfrac{\square}{\square} = \square\dfrac{\square}{\square}$

계산해 보세요.

① $3\dfrac{3}{7} \div 3$

② $2\dfrac{1}{6} \div 13$

③ $2\dfrac{4}{5} \div 2$

④ $4\dfrac{8}{11} \div 4$

⑤ $3\dfrac{2}{9} \div 5$

⑥ $4\dfrac{6}{11} \div 2$

⑦ $4\dfrac{3}{5} \div 9$

⑧ $3\dfrac{3}{8} \times \dfrac{4}{13}$

⑨ $\dfrac{7}{12} \times 6\dfrac{6}{7}$

⑩ $6\dfrac{2}{3} \div 10$

개념 키우기

✎ 문제를 해결해 보세요.

1 털실 $3\frac{1}{8}$ m를 5명이 똑같이 나누어 가졌습니다.

한 사람이 가진 털실의 길이는 몇 m인가요?

식_____ 답_____ m

2 넓이가 $20\frac{1}{4}$ cm²인 사다리꼴 모양의 나무판자를 이용하여 강아지 집을 만들려고 합니다.

그림을 보고 물음에 답하세요.

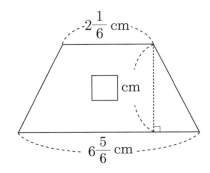

(1) 사다리꼴의 넓이를 구하는 방법은 무엇인가요?

(   )

(2) 사다리꼴 모양 나무판자의 윗변과 아랫변의 길이의 합은 얼마인가요?

식_____ 답_____ cm

(3) 사다리꼴 모양 나무판자의 높이는 몇 cm인가요?

식_____ 답_____ cm

✏️ 나눗셈을 계산해 보세요.

1 $3\dfrac{1}{3} \div 5$

방법1 $3\dfrac{1}{3} \div 5 = \dfrac{\boxed{}}{3} \div 5 = \dfrac{\boxed{} \div 5}{3} = \dfrac{\boxed{}}{\boxed{}}$

방법2 $3\dfrac{1}{3} \div 5 = \dfrac{\boxed{}}{3} \div 5 = \dfrac{\boxed{}}{3} \times \dfrac{1}{\boxed{}} = \dfrac{\boxed{}}{\boxed{}}$

2 $3\dfrac{1}{2} \div 7$

방법1 $3\dfrac{1}{2} \div 7 = \dfrac{\boxed{}}{2} \div 7 = \dfrac{\boxed{} \div 7}{2} = \dfrac{\boxed{}}{\boxed{}}$

방법2 $3\dfrac{1}{2} \div 7 = \dfrac{\boxed{}}{2} \div 7 = \dfrac{\boxed{}}{2} \times \dfrac{1}{\boxed{}} = \dfrac{\boxed{}}{\boxed{}}$

3 $4\dfrac{4}{5} \div 6 =$

4 $2\dfrac{1}{6} \div 4 =$

5 $7\dfrac{1}{3} \div 8 =$

6 $2\dfrac{1}{6} \div 3 =$

도전해 보세요

1 $\boxed{}$ 안에 들어갈 수 있는 자연수를 모두 찾아 써 보세요.

$$\dfrac{\boxed{}}{12} < 1\dfrac{2}{3} \div 4$$

(   )

2 소수를 분수로 바꾸어 계산해 보세요.

(1) $1.2 \div 3 =$

(2) $3.9 \div 3 =$

자연수의 나눗셈을 이용한
(소수 한 자리 수)÷(자연수)

개념연결

4-1나눗셈	4-2소수의 덧셈과 뺄셈	(소수 한 자리 수)÷(자연수)	6-1소수의 나눗셈
몇십으로 나누기	소수 사이의 관계		(소수 두 자리 수)÷(자연수)
$360÷30=\boxed{12}$	0.3 3 $\boxed{30}$ $\frac{1}{10}$배 10배	$3.6÷3=\boxed{1.2}$	$3.69÷3=\boxed{1.23}$

배운 것을 기억해 볼까요?

1 (1) $480÷40=$

  (2) $720÷60=$

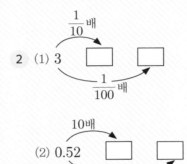

2 (1) 3 $\xrightarrow{\frac{1}{10}배}$ ⬜ $\xrightarrow{\frac{1}{100}배}$ ⬜

  (2) 0.52 $\xrightarrow{10배}$ ⬜ $\xrightarrow{100배}$ ⬜

자연수의 나눗셈을 이용하여 (소수 한 자리 수)÷(자연수)를 할 수 있어요.

30초 개념

소수를 자연수로 바꾸어 자연수의 나눗셈 원리를 이용해요.

나누어지는 수가 $\frac{1}{10}$배가 되면 몫도 $\frac{1}{10}$배가 되므로 몫의 소수점을 왼쪽으로 한 칸 이동해요.

$2.4÷2$의 계산

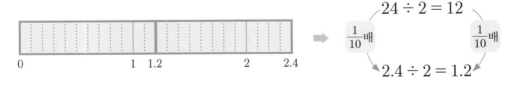

$$24 ÷ 2 = 12$$
$$\frac{1}{10}배 \qquad \frac{1}{10}배$$
$$2.4 ÷ 2 = 1.2$$

개념 익히기

✏️ 자연수의 나눗셈을 이용하여 소수의 나눗셈을 해 보세요.

(자연수)÷(자연수)의
몫에 소수점을
알맞게 찍어요.

① $36 \div 3 = 12$

$\frac{1}{10}$배 ↓   ↓$\frac{1}{10}$배

$3.6 \div 3 = \boxed{}$

② $46 \div 2 = 23$

$\frac{1}{10}$배 ↓   ↓$\frac{1}{10}$배

$4.6 \div 2 = \boxed{}$

③ $84 \div 4 = 21$

$\frac{1}{10}$배 ↓   ↓$\frac{1}{10}$배

$8.4 \div 4 = \boxed{}$

④ $55 \div 5 = 11$

$\frac{1}{10}$배 ↓   ↓$\frac{1}{10}$배

$5.5 \div 5 = \boxed{}$

⑤ $284 \div 2 = 142$

$\frac{1}{10}$배 ↓   ↓$\frac{1}{10}$배

$28.4 \div 2 = \boxed{}$

⑥ $699 \div 3 = 233$

$\frac{1}{10}$배 ↓   ↓$\frac{1}{10}$배

$69.9 \div 3 = \boxed{}$

⑦ $484 \div 4 = 121$

$\frac{1}{10}$배 ↓   ↓$\frac{1}{10}$배

$48.4 \div 4 = \boxed{}$

⑧ $864 \div 2 = 432$

$\frac{1}{10}$배 ↓   ↓$\frac{1}{10}$배

$86.4 \div 2 = \boxed{}$

⑨ $993 \div 3 = 331$

$\frac{1}{10}$배 ↓   ↓$\frac{1}{10}$배

$99.3 \div 3 = \boxed{}$

자연수의 나눗셈을 이용하여 소수의 나눗셈을 해 보세요.

①   39   ÷   3   = □

$\frac{1}{10}$배 ↓   ↓ $\frac{1}{10}$배

3.9   ÷   3   = □

②   48   ÷   4   = □

$\frac{1}{10}$배 ↓   ↓ □배

4.8   ÷   4   = □

③   88   ÷   2   = □

$\frac{1}{10}$배 ↓   ↓ □배

8.8   ÷   2   = □

④   72   ÷   4   = □

$\frac{1}{10}$배 ↓   ↓ □배

7.2   ÷   4   = □

⑤   5.61   ×   10   = □

5.61   ×   100   = □

5.61   ×   1000   = □

⑥   174   ÷   2   = □

$\frac{1}{10}$배 ↓   ↓ □배

17.4   ÷   2   = □

⑦   966   ÷   7   = □

$\frac{1}{10}$배 ↓   ↓ □배

96.6   ÷   7   = □

⑧   12   ×   12   = □

1.2   ×   1.2   = □

⑨   575   ÷   5   = □

$\frac{1}{10}$배 ↓   ↓ □배

□   ÷   5   = □

⑩   858   ÷   6   = □

$\frac{1}{10}$배 ↓   ↓ □배

□   ÷   6   = □

✏️ 자연수의 나눗셈을 이용하여 소수의 나눗셈을 해 보세요.

1 $6.9 \div 3$

$$69 \div 3 = 23$$
$$\downarrow \frac{1}{10}배 \qquad\qquad \downarrow \frac{1}{10}배$$
$$6.9 \div 3 = 2.3$$

2 $8.4 \div 2$

3 $4.4 \div 4$

4 2.4×3

5 $48.8 \div 2$

6 $99.6 \div 3$

7 3.3×0.3

8 $84.4 \div 4$

9 $62.4 \div 2$

10 $63.3 \div 3$

문제를 해결해 보세요.

1 철사 4.8 m를 똑같이 2도막으로 자르면 철사 한 도막의 길이는 몇 m일까요?

식_____ 답_____ m

2 물 33.6 L를 물통 3개에 똑같이 나누어 담으려고 합니다.
물통 한 개에 몇 L씩 담으면 될까요?

식_____ 답_____ L

3 둘레가 8.8 cm인 정사각형 모양의 타일이 있습니다. 그림을 보고 물음에 답하세요.

□ 둘레: 8.8 cm

(1) 타일 한 개의 한 변의 길이는 몇 cm인가요?

식_____ 답_____ cm

(2) 타일 한 장의 넓이는 몇 cm²인가요?

식_____ 답_____ cm²

(3) 타일 100장을 빈틈없이 붙였을 때 전체 넓이는 몇 cm²인가요?

식_____ 답_____ cm²

✏️ 자연수의 나눗셈을 이용하여 소수의 나눗셈을 해 보세요.

① $63 \div 3 = 21$

$\frac{1}{10}$배 ↓   ↓ $\frac{1}{10}$배

$6.3 \div 3 = \boxed{}$

② $64 \div 2 = 32$

$\frac{1}{10}$배 ↓   ↓ $\frac{1}{10}$배

$6.4 \div 2 = \boxed{}$

③ $88 \div 2 = \boxed{}$

$\frac{1}{10}$배 ↓   ↓ $\frac{1}{10}$배

$8.8 \div 2 = \boxed{}$

④ $84 \div 4 = \boxed{}$

$\frac{1}{10}$배 ↓   ↓ $\frac{1}{10}$배

$8.4 \div 4 = \boxed{}$

⑤ $999 \div 9 = \boxed{}$

$\frac{1}{10}$배 ↓   ↓ $\boxed{}$배

$99.9 \div 9 = \boxed{}$

⑥ $693 \div 3 = \boxed{}$

$\frac{1}{10}$배 ↓   ↓ $\boxed{}$배

$69.3 \div 3 = \boxed{}$

⑦ $707 \div 7 = \boxed{}$

$\frac{1}{10}$배 ↓   ↓ $\boxed{}$배

$\boxed{} \div 7 = \boxed{}$

⑧ $815 \div 5 = \boxed{}$

$\frac{1}{10}$배 ↓   ↓ $\boxed{}$배

$\boxed{} \div 5 = \boxed{}$

도전해 보세요

① 잘못된 부분을 고쳐 바르게 계산해 보세요.

$848 \div 4 = 212$

$\frac{1}{10}$배 ↓   ↓ $\frac{1}{10}$배

$84.8 \div 4 = 2.12$

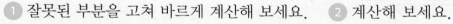

② 계산해 보세요.

(1) $6.99 \div 3 =$

(2) $8.72 \div 4 =$

7단계 (소수 두 자리 수)÷(자연수)

개념연결

4-1나눗셈	6-1소수의 나눗셈	자연수의 나눗셈을 이용한	6-1소수의 나눗셈
(세 자리 수)÷(두 자리 수)	자연수의 나눗셈을 이용한 (소수 한 자리 수)÷(자연수)	(소수 두 자리 수)÷(자연수)	몫이 1보다 큰 (소수)÷(자연수)
288÷16= 18	4.8÷2= 2.4	4.84÷2= 2.42	48.48÷2= 24.24

배운 것을 기억해 볼까요?

1   (1) $108 \div 12 =$

    (2) $252 \div 36 =$

2   (1) $36.3 \div 3 =$

    (2) $24.8 \div 2 =$

자연수의 나눗셈을 이용하여 (소수 두 자리 수)÷(자연수)를 할 수 있어요.

30초 개념

소수를 자연수로 바꾸어 자연수의 나눗셈 원리를 이용해요.

나누어지는 수가 $\frac{1}{100}$배가 되면 몫도 $\frac{1}{100}$배가 되므로 몫의 소수점을

왼쪽으로 두 칸 이동해요.

2.46÷2의 계산

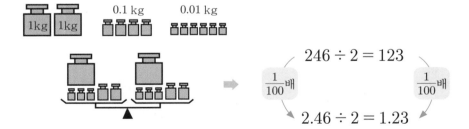

개념 익히기

자연수의 나눗셈을 이용하여 소수의 나눗셈을 해 보세요.

(자연수)÷(자연수)의
몫에 소수점을
알맞게 찍어요.

1　442 ÷ 2 = 221

$\frac{1}{100}$배 ↓ 　　　　　 ↓$\frac{1}{100}$배

4.42 ÷ 2 = ☐

2　369 ÷ 3 = 123

$\frac{1}{100}$배 ↓ 　　　　　 ↓$\frac{1}{100}$배

3.69 ÷ 3 = ☐

3　844 ÷ 4 = 211

$\frac{1}{100}$배 ↓ 　　　　　 ↓$\frac{1}{100}$배

8.44 ÷ 4 = ☐

4　505 ÷ 5 = 101

$\frac{1}{100}$배 ↓ 　　　　　 ↓$\frac{1}{100}$배

5.05 ÷ 5 = ☐

5　693 ÷ 3 = 231

$\frac{1}{100}$배 ↓ 　　　　　 ↓$\frac{1}{100}$배

6.93 ÷ 3 = ☐

6　648 ÷ 2 = 324

$\frac{1}{100}$배 ↓ 　　　　　 ↓$\frac{1}{100}$배

6.48 ÷ 2 = ☐

7　488 ÷ 4 = 122

$\frac{1}{100}$배 ↓ 　　　　　 ↓$\frac{1}{100}$배

4.88 ÷ 4 = ☐

8　777 ÷ 7 = 111

$\frac{1}{100}$배 ↓ 　　　　　 ↓$\frac{1}{100}$배

7.77 ÷ 7 = ☐

9　939 ÷ 3 = 313

$\frac{1}{100}$배 ↓ 　　　　　 ↓$\frac{1}{100}$배

9.39 ÷ 3 = ☐

자연수의 나눗셈을 이용하여 소수의 나눗셈을 해 보세요.

1 268 ÷ 2 = ☐

$\frac{1}{100}$배 ↓   ↓ $\frac{1}{100}$배

2.68 ÷ 2 = ☐

2 696 ÷ 3 = ☐

$\frac{1}{100}$배 ↓   ↓ ☐배

6.96 ÷ 3 = ☐

3 672 ÷ 6 = ☐

$\frac{1}{100}$배 ↓   ↓ ☐배

6.72 ÷ 6 = ☐

4 456 ÷ 4 = ☐

$\frac{1}{100}$배 ↓   ↓ ☐배

4.56 ÷ 4 = ☐

5 48 ÷ 3 = ☐

$\frac{1}{10}$배 ↓   ↓ ☐배

4.8 ÷ 3 = ☐

6 472 ÷ 4 = ☐

$\frac{1}{100}$배 ↓   ↓ ☐배

4.72 ÷ 4 = ☐

7 576 ÷ 8 = ☐

$\frac{1}{100}$배 ↓   ↓ ☐배

5.76 ÷ 8 = ☐

8 585 ÷ 5 = ☐

$\frac{1}{100}$배 ↓   ↓ ☐배

5.85 ÷ 5 = ☐

9 931 ÷ 7 = ☐

$\frac{1}{100}$배 ↓   ↓ ☐배

☐ ÷ 7 = ☐

10 678 ÷ 2 = ☐

$\frac{1}{100}$배 ↓   ↓ ☐배

☐ ÷ 2 = ☐

자연수의 나눗셈을 이용하여 소수의 나눗셈을 해 보세요.

1. $3.36 \div 3$

$$336 \div 3 = 112$$
$$\downarrow \frac{1}{100}\text{배} \qquad\qquad \downarrow \frac{1}{100}\text{배}$$
$$3.36 \div 3 = 1.12$$

2. $8.48 \div 4$

3. $5.95 \div 5$

4. $6.84 \div 6$

5. $2.72 \div 2$

6. $8.96 \div 8$

7. $9.63 + 3.8$

8. $4.52 - 3.75$

9. $6.09 \div 3$

10. $7.91 \div 7$

개념 키우기

✏️ 문제를 해결해 보세요.

1 밀가루 2.65 kg으로 모양과 크기가 같은 빵 5개를 만들었습니다.
빵 한 개를 만드는 데 사용한 밀가루는 몇 kg인가요?

식_____ 답_____ kg

2 세 자동차의 연료의 양과 이동 거리를 비교해 보고 같은 연료로 가장 먼 거리를 이동할 수 있는
자동차를 구입하려고 합니다. 그림을 보고 물음에 답하세요.

  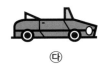

자동차	연료의 양	이동 거리
㉮	7 L	84.91 km
㉯	3 L	48.39 km
㉰	5 L	56.55 km

(1) 각각의 자동차가 같은 연료로 이동할 수 있는 거리를 어떻게 알 수 있나요?

_____

(2) ㉮, ㉯, ㉰ 자동차가 1 L의 연료로 이동할 수 있는 거리는 각각 몇 km인가요?

㉮ (   ) km

㉯ (   ) km

㉰ (   ) km

(3) 1 L의 연료로 가장 먼 거리를 이동할 수 있는 자동차를 찾아 기호를 써 보세요.

(   )

개념 다시보기

자연수의 나눗셈을 이용하여 소수의 나눗셈을 해 보세요.

① 488 ÷ 2 = 244

$\frac{1}{100}$배 ↓   ↓ $\frac{1}{100}$배

4.88 ÷ 2 = ☐

② 864 ÷ 6 = 144

$\frac{1}{100}$배 ↓   ↓ $\frac{1}{100}$배

8.64 ÷ 6 = ☐

③ 963 ÷ 3 = ☐

$\frac{1}{100}$배 ↓   ↓ $\frac{1}{100}$배

9.63 ÷ 3 = ☐

④ 556 ÷ 4 = ☐

$\frac{1}{100}$배 ↓   ↓ $\frac{1}{100}$배

5.56 ÷ 4 = ☐

⑤ 765 ÷ 5 = ☐

$\frac{1}{100}$배 ↓   ↓ ☐배

7.65 ÷ 5 = ☐

⑥ 798 ÷ 7 = ☐

$\frac{1}{100}$배 ↓   ↓ ☐배

7.98 ÷ 7 = ☐

⑦ 856 ÷ 4 = ☐

$\frac{1}{100}$배 ↓   ↓ ☐배

☐ ÷ 4 = ☐

⑧ 909 ÷ 9 = ☐

$\frac{1}{100}$배 ↓   ↓ ☐배

☐ ÷ 9 = ☐

도전해 보세요

1 ㉠은 ㉡의 몇 배인지 구해 보세요.

㉠ 63.6÷4
㉡ 6.36÷4

(   )

2 계산해 보세요.

(1) 113.76÷9=

(2) 100.59÷7=

개념연결

6-1소수의 나눗셈	6-1소수의 나눗셈	각 자리에서 나누어떨어지지 않는 (소수)÷(자연수)	6-1소수의 나눗셈
자연수의 나눗셈을 이용한 (소수 한 자리 수)÷(자연수)	자연수의 나눗셈을 이용한 (소수 두 자리 수)÷(자연수)	$13.65÷3=$ 4.55	몫이 1보다 작은 (소수)÷(자연수)
$4.4÷2=$ 2.2	$6.96÷3=$ 2.32		$0.76÷4=$ 0.19

배운 것을 기억해 볼까요?

1 (1) $5.6÷2=$

   (2) $13.8÷2=$

2 (1) $4.56÷4=$

   (2) $6.72÷6=$

각 자리에서 나누어떨어지지 않는 (소수)÷(자연수)를 할 수 있어요.

30초 개념 자연수의 나눗셈과 같은 방법으로 계산해요.

나누어지는 수의 소수점 위치에 맞추어 몫의 소수점을 찍어요.

13.65÷3의 계산

방법1 분수의 나눗셈으로 계산하기

$$13.65÷3=\frac{1365}{100}÷3$$
$$=\frac{1365÷3}{100}$$
$$=\frac{455}{100}=4.55$$

자연수의 나눗셈과 같은 방법으로 세로셈을 해요.

방법2 세로셈으로 계산하기

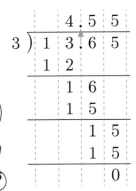

나누어지는 수의 소수점을 그대로 올려서 찍어요.

✏️ 나눗셈을 계산해 보세요.

① (1) $7.2 \div 3 = \dfrac{72}{10} \div 3 = \dfrac{72 \div 3}{10} = \dfrac{24}{10} = \boxed{2.4}$

(2)
$$3 \overline{)7.2}$$
몫: 2.4

나누어지는 수의 소수점에 맞추어 몫의 소수점을 찍어요.

자연수의 나눗셈과 같은 방법으로 계산해요.

② (1) $9.8 \div 7 = \dfrac{\boxed{}}{10} \div 7 = \dfrac{\boxed{} \div 7}{10}$

$= \dfrac{\boxed{}}{10} = \boxed{}$

(2) $7 \overline{)9.8}$

③ (1) $17.6 \div 4 = \dfrac{176}{10} \div 4 = \dfrac{\boxed{} \div 4}{10}$

$= \dfrac{\boxed{}}{10} = \boxed{}$

(2) $4 \overline{)17.6}$

④ (1) $23.5 \div 5 = \dfrac{\boxed{}}{10} \div 5 = \dfrac{\boxed{} \div 5}{10}$

$= \dfrac{\boxed{}}{10} = \boxed{}$

(2) $5 \overline{)23.5}$

⑤ (1) $37.8 \div 9 = \dfrac{\boxed{}}{10} \div 9 = \dfrac{\boxed{} \div 9}{10}$

$= \dfrac{\boxed{}}{10} = \boxed{}$

(2) $9 \overline{)37.8}$

나눗셈을 분수로 계산해 보세요.

① $5.36 \div 4 = \dfrac{\boxed{}}{100} \div 4 = \dfrac{\boxed{} \div 4}{100}$

$= \dfrac{\boxed{}}{100} = \boxed{}$

② $4.11 \div 3 = \dfrac{\boxed{}}{100} \div 3 = \dfrac{\boxed{} \div 3}{100}$

$= \dfrac{\boxed{}}{100} = \boxed{}$

③ $58.65 \div 5 = \dfrac{\boxed{}}{100} \div 5 = \dfrac{\boxed{} \div 5}{100}$

$= \dfrac{\boxed{}}{100} = \boxed{}$

④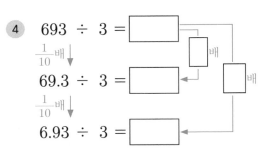

$693 \div 3 = \boxed{}$

$\dfrac{1}{10}$배 ↓

$69.3 \div 3 = \boxed{}$

$\dfrac{1}{10}$배 ↓

$6.93 \div 3 = \boxed{}$

 나눗셈을 세로셈으로 계산해 보세요.

⑤ $2\overline{)9.1\,4}$

⑥ $4\overline{)3\,1.4\,4}$

⑦ $7\overline{)6\,2.2\,3}$

⑧ $6\overline{)8\,1.6}$

⑨ $8\overline{)1\,3.6}$

⑩ $5\overline{)9\,1.5}$

나눗셈을 계산해 보세요.

1 7.8÷3

2 22.4÷7

3 3.4÷2

4 32.9÷7

5 352÷16

6 66.8÷4

7 55.2÷6

8 158.28÷12

개념 키우기

 문제를 해결해 보세요.

1 나무막대 5.2 m로 정사각형을 만들었습니다.
이 정사각형의 한 변의 길이는 몇 m인가요?

식_____ 답_____ m

2 기상청에서 ㉮와 ㉯ 도시의 강수량을 측정했습니다.
그림을 보고 물음에 답하세요.

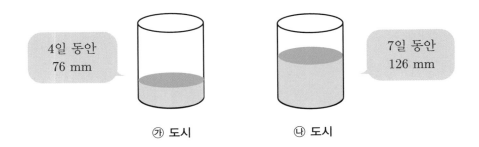

4일 동안
76 mm

㉮ 도시

7일 동안
126 mm

㉯ 도시

(1) ㉮ 도시에 하루 동안 내린 비의 양은 몇 cm인가요?

식_____ 답_____ cm

(2) ㉯ 도시에 하루 동안 내린 비의 양은 몇 cm인가요?

식_____ 답_____ cm

(3) ㉮와 ㉯ 도시 중에서 하루 동안 내린 비의 양이 더 많은 도시는 어디인가요?

(   )

개념 다시보기

✏️ 나눗셈을 계산해 보세요.

① $5.2 \div 4 = \dfrac{\boxed{}}{10} \div 4 = \dfrac{\boxed{} \div 4}{10}$

$= \dfrac{\boxed{}}{10} = \boxed{}$

② $5.76 \div 4 = \dfrac{\boxed{}}{100} \div 4 = \dfrac{\boxed{} \div 4}{100}$

$= \dfrac{\boxed{}}{100} = \boxed{}$

③ $3\overline{)16.5}$

④ $6\overline{)7.14}$

⑤ $9\overline{)38.7}$

⑥ $2\overline{)7.54}$

⑦ $8\overline{)9.28}$

⑧ $7\overline{)8.75}$

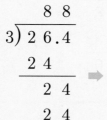

도전해 보세요

① 잘못된 부분을 찾아 바르게 계산해 보세요.

```
      8 8
  3) 2 6.4
     2 4
     ─────
       2 4
       2 4
     ─────
         0
```
➡️ [ ]

② 계산해 보세요.

(1) $8.4 \div 14 =$

(2) $11.5 \div 23 =$

9단계 몫이 1보다 작은 (소수)÷(자연수)

개념연결

6-1소수의 나눗셈	6-1소수의 나눗셈		6-1소수의 나눗셈
자연수의 나눗셈을 이용한 (소수 한 자리 수)÷(자연수)	각 자리에서 나누어떨어지지 않는 (소수)÷(자연수)	몫이 1보다 작은 (소수)÷(자연수)	소수점 아래 0을 내리는 (소수)÷(자연수)
9.6÷3= 3.2	9.44÷4= 2.36	1.68÷7= 0.24	7.6÷5= 1.52

배운 것을 기억해 볼까요?

1

2 (1) $5.72÷2=$

  (2) $9.84÷3=$

몫이 1보다 작은 (소수)÷(자연수)를 할 수 있어요.

30초 개념 (소수)÷(자연수)에서 (소수)<(자연수)이면 몫이 1보다 작으므로 몫의 자연수 부분에 0을 써요. 나누어지는 수의 소수점을 그대로 올려 찍어요.

1.68÷7의 계산
↳ 나누어지는 수가 나누는 수보다 작으면 몫이 1보다 작아요.

방법1 분수의 나눗셈으로 계산하기

$$1.68÷7=\frac{168}{100}÷7$$
$$=\frac{168÷7}{100}=\frac{24}{100}=0.24$$

방법2 세로셈으로 계산하기

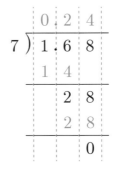

나눗셈을 계산해 보세요.

1 (1) $3.5 \div 5 = \dfrac{35}{10} \div 5 = \dfrac{35 \div 5}{10}$

$= \dfrac{7}{10} = \boxed{0.7}$

(2)
$$5 \overline{)\begin{array}{r} 0\,.\,7 \\ 3\,.\,5 \\ \hline 3\ \ 5 \\ \hline 0 \end{array}}$$

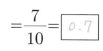

몫의
소수점을 잘 찍었는지
확인해요.

2 (1) $1.6 \div 2 = \dfrac{16}{10} \div 2 = \dfrac{\boxed{} \div 2}{10}$

$= \dfrac{\boxed{}}{10} = \boxed{}$

(2) $2 \overline{)\,1.6}$

3 (1) $7.2 \div 9 = \dfrac{\boxed{}}{10} \div 9 = \dfrac{\boxed{} \div 9}{10}$

$= \dfrac{\boxed{}}{10} = \boxed{}$

(2) $9 \overline{)\,7.2}$

4 (1) $6.3 \div 7 = \dfrac{\boxed{}}{10} \div 7 = \dfrac{\boxed{} \div 7}{10}$

$= \dfrac{\boxed{}}{10} = \boxed{}$

(2) $7 \overline{)\,6.3}$

5 (1) $3.6 \div 4 = \dfrac{\boxed{}}{10} \div 4 = \dfrac{\boxed{} \div 4}{10}$

$= \dfrac{\boxed{}}{10} = \boxed{}$

(2) $4 \overline{)\,3.6}$

6 (1) $5.6 \div 8 = \dfrac{\boxed{}}{10} \div 8 = \dfrac{\boxed{} \div 8}{10}$

$= \dfrac{\boxed{}}{10} = \boxed{}$

(2) $8 \overline{)\,5.6}$

개념 다지기

✏️ 나눗셈을 분수로 계산해 보세요.

1 $3.65÷5=\dfrac{\boxed{}}{100}÷5=\dfrac{\boxed{}÷5}{100}$

$=\dfrac{\boxed{}}{100}=\boxed{}$

2 $5.16÷6=\dfrac{\boxed{}}{100}÷6=\dfrac{\boxed{}÷6}{100}$

$=\dfrac{\boxed{}}{100}=\boxed{}$

3 $0.78÷3=\dfrac{\boxed{}}{100}÷3=\dfrac{\boxed{}÷3}{100}$

$=\dfrac{\boxed{}}{100}=\boxed{}$

4 $1.68÷7=\dfrac{\boxed{}}{100}÷7=\dfrac{\boxed{}÷7}{100}$

$=\dfrac{\boxed{}}{100}=\boxed{}$

✏️ 나눗셈을 세로셈으로 계산해 보세요.

5 $9)\overline{3.2\ 4}$

6 $7)\overline{2.5\ 9}$

7 $4)\overline{1.1\ 2}$

8 $8)\overline{6.5\ 6}$

9 $5)\overline{3.2\ 5}$

10 $6)\overline{3.7\ 2}$

계산해 보세요.

1 5.12÷8

2 4.5÷5

3 4.8÷6

4 1.68÷7

5 3.36÷4

6 0.6×12.5

7 6.57÷9

8 20.46÷22

개념 키우기

✎ 문제를 해결해 보세요.

1 스케치북 8권의 두께는 7.12 cm입니다. 스케치북 한 권의 두께는 몇 cm인가요?

식_____ 답_____ cm

2 예나와 재민이는 일정하게 물이 나오는 정수기에서 물을 받아 물통을 채우고 있습니다. 재민이가 1.5 L들이 물통을 채우는 데 3분이 걸렸을 때 예나가 2 L(=2000 mL)들이 물통을 채우는 데 걸리는 시간을 알아보려고 합니다. 물음에 답하세요.

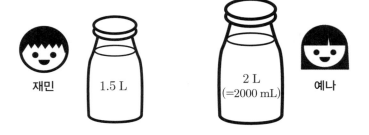

(1) 정수기에서 1분 동안 나오는 물의 양은 몇 mL인가요?

(   ) mL

(2) 예나가 2 L(=2000 mL)들이 물통을 채우는 데 걸리는 시간은 몇 분인가요?

식_____ 답_____ 분

개념 다시보기

✏️ 나눗셈을 계산해 보세요.

1 $4.8 \div 8 = \dfrac{48}{10} \div 8 = \dfrac{\boxed{} \div 8}{10}$

$= \dfrac{\boxed{}}{10} = \boxed{}$

2 $5.88 \div 7 = \dfrac{\boxed{}}{100} \div 7 = \dfrac{\boxed{} \div 7}{100}$

$= \dfrac{\boxed{}}{100} = \boxed{}$

3 $6 \overline{)3.7\,2}$

4 $9 \overline{)8.1}$

5 $8 \overline{)7.6\,8}$

6 $5 \overline{)2.4\,5}$

7 $3 \overline{)2.4}$

8 $6 \overline{)3.5\,4}$

도전해 보세요

1 과자 한 봉지의 무게는 몇 kg인가요?

초코파이
총 내용량
0.468 kg
(12봉지)

(   ) kg

2 계산해 보세요.

(1) $5.7 \div 2 =$

(2) $4.8 \div 5 =$

10단계 # (소수)÷(자연수)

개념연결

6-1소수의 나눗셈	6-1소수의 나눗셈		6-1소수의 나눗셈
각 자리에서 나누어떨어지지 않는 (소수)÷(자연수)	몫이 1보다 작은 (소수)÷(자연수)	소수점 아래 0을 내리는 (소수)÷(자연수)	몫의 소수 첫째 자리가 0인 (소수)÷(자연수)
12.96÷8= 1.62	1.6÷2= 0.8	7.6÷5= 1.52	3.27÷3= 1.09

배운 것을 기억해 볼까요?

1 (1) $3.36 \div 2 =$

(2) $6.25 \div 5 =$

2

1.82 → ÷7 → ☐ → ÷2 → ☐

소수점 아래 0을 내려 (소수)÷(자연수)를 할 수 있어요.

30초 개념 세로셈에서 나누어떨어지지 않을 때는 0을 내려 계산해요.

7.6÷5의 계산

방법1 분수의 나눗셈으로 계산하기

$$7.6 \div 5 = \frac{76}{10} \div 5 = \frac{760}{100} \div 5$$

$$= \frac{760 \div 5}{100} = \frac{152}{100} = 1.52$$

76÷5가 나누어떨어지지 않으므로 분모와 분자에 10을 곱해요.

방법2 세로셈으로 계산하기

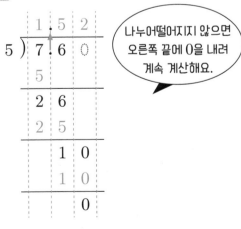

나누어떨어지지 않으면 오른쪽 끝에 0을 내려 계속 계산해요.

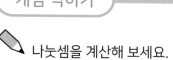 개념 익히기

✏️ 나눗셈을 계산해 보세요.

💬 분자와 분모에 모두 10을 곱해요.

1 (1) $3.5 \div 2 = \dfrac{35}{10} \div 2 = \dfrac{350}{100} \div 2$

$= \dfrac{350 \div 2}{100} = \dfrac{175}{100} = \boxed{1.75}$

(2)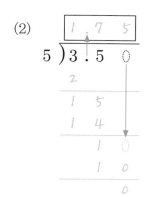

💬 계산이 끝나지 않으면 0을 내려 계산해요.

2 (1) $6.2 \div 4 = \dfrac{62}{10} \div 4 = \dfrac{\boxed{}}{100} \div 4$

$= \dfrac{\boxed{} \div 4}{100} = \dfrac{\boxed{}}{100}$

$= \boxed{}$

(2) $4 \overline{)6.2}$

3 (1) $7.8 \div 5 = \dfrac{\boxed{}}{10} \div 5 = \dfrac{\boxed{}}{100} \div 5$

$= \dfrac{\boxed{} \div 5}{100} = \dfrac{\boxed{}}{100}$

$= \boxed{}$

(2) $5 \overline{)7.8}$

4 (1) $9.9 \div 6 = \dfrac{\boxed{}}{10} \div 6 = \dfrac{\boxed{}}{100} \div 6$

$= \dfrac{\boxed{} \div 6}{100} = \dfrac{\boxed{}}{100}$

$= \boxed{}$

(2) $6 \overline{)9.9}$

5 (1) $9.4 \div 4 = \dfrac{\boxed{}}{10} \div 4 = \dfrac{\boxed{}}{100} \div 4$

$= \dfrac{\boxed{} \div 4}{100} = \dfrac{\boxed{}}{100}$

$= \boxed{}$

(2) $4 \overline{)9.4}$

6 (1) $8.6 \div 5 = \dfrac{\boxed{}}{10} \div 5 = \dfrac{\boxed{}}{100} \div 5$

$= \dfrac{\boxed{} \div 5}{100} = \dfrac{\boxed{}}{100}$

$= \boxed{}$

(2) $5 \overline{)8.6}$

✏️ 나눗셈을 분수로 계산해 보세요.

 ① $19.6 \div 8 = \dfrac{\boxed{}}{10} \div 8 = \dfrac{\boxed{}}{100} \div 8$

$= \dfrac{\boxed{} \div 8}{100} = \dfrac{\boxed{}}{100}$

$= \boxed{}$

② $7.5 \div 6 = \dfrac{\boxed{}}{10} \div 6 = \dfrac{\boxed{}}{100} \div 6$

$= \dfrac{\boxed{} \div 6}{100} = \dfrac{\boxed{}}{100}$

$= \boxed{}$

③ $18.6 \div 4 = \dfrac{\boxed{}}{10} \div 4 = \dfrac{\boxed{}}{100} \div 4$

$= \dfrac{\boxed{} \div 4}{100} = \dfrac{\boxed{}}{100}$

$= \boxed{}$

④ $10.5 \div 2 = \dfrac{\boxed{}}{10} \div 2 = \dfrac{\boxed{}}{100} \div 2$

$= \dfrac{\boxed{} \div 2}{100} = \dfrac{\boxed{}}{100}$

$= \boxed{}$

✏️ 나눗셈을 세로셈으로 계산해 보세요.

⑤ $5 \overline{)23.7}$

⑥ $5 \overline{)4.15}$

 ⑦ $4 \overline{)26.2}$

⑧ $6 \overline{)13.5}$

⑨ $8 \overline{)22.8}$

⑩ $2 \overline{)8.7}$

✏️ 계산해 보세요.

1 12.3÷5

2 61.2÷8

3 4.8÷6

4 2.15×8

5 47.7÷6

6 28.3÷5

7 7.4÷4

8 60.9÷14

개념 키우기

✎ 문제를 해결해 보세요.

1 넓이가 4.6 cm²인 정사각형 모양의 색종이를 그림
과 같이 똑같이 4조각으로 나누려고 합니다.
색종이 한 조각의 넓이는 몇 cm²인가요?

식＿＿＿＿＿＿＿＿＿＿   답＿＿＿＿＿＿＿ cm²

2 텃밭 6.2 m에 딸기 모종 6개를 같은 간격으로 심으려고 합니다.
모종 사이의 간격은 몇 m로 해야 할까요?

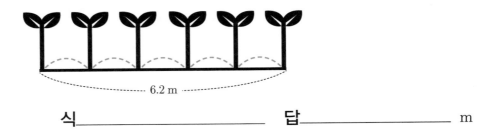

6.2 m

식＿＿＿＿＿＿＿＿＿＿   답＿＿＿＿＿＿＿ m

3 과일 가게에서 멜론을 사려고 합니다. (가) 멜론 한 개와 (나) 멜론 한 개 중 어느 것이 더
무거운지 그림을 보고 물음에 답하세요.

(가)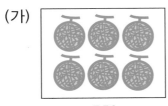

7.5 kg

(나)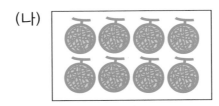

9.2 kg

(1) (가) 멜론 한 개의 무게는 몇 kg인가요?

식＿＿＿＿＿＿＿＿＿＿   답＿＿＿＿＿＿＿ kg

(2) (나) 멜론 한 개의 무게는 몇 kg인가요?

식＿＿＿＿＿＿＿＿＿＿   답＿＿＿＿＿＿＿ kg

(3) (가) 멜론 한 개와 (나) 멜론 한 개 중 어느 것이 더 무거운가요?

(   )

개념 다시보기

✏️ 나눗셈을 계산해 보세요.

① $7.3 \div 2 = \dfrac{73}{10} \div 2 = \dfrac{\boxed{}}{100} \div 2$

$= \dfrac{\boxed{}}{100} \div 2 = \dfrac{\boxed{}}{100}$

$= \boxed{}$

② $8.7 \div 6 = \dfrac{\boxed{}}{10} \div 6 = \dfrac{\boxed{}}{100} \div 6$

$= \dfrac{\boxed{}}{100} \div 6 = \dfrac{\boxed{}}{100}$

$= \boxed{}$

③ $5 \overline{)6.7}$

④ $4 \overline{)25.4}$

⑤ $8 \overline{)59.6}$

⑥ $4 \overline{)4.6}$

⑦ $5 \overline{)28.6}$

⑧ $6 \overline{)13.5}$

도전해 보세요

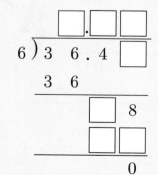

① ☐ 안에 알맞은 수를 써넣으세요.

② 계산해 보세요.

(1) $13.44 \div 15 =$

(2) $72.36 \div 6 =$

개념연결

6-1소수의 나눗셈	6-1소수의 나눗셈		6-1소수의 나눗셈
몫이 1보다 작은 (소수)÷(자연수)	소수점 아래 0을 내려 계산하는 (소수)÷(자연수)	몫의 소수 첫째 자리가 0인 (소수)÷(자연수)	(자연수)÷(자연수)
2.58÷3= 0.86	3.3÷2= 1.65	3.27÷3= 1.09	7÷2= 3.5

배운 것을 기억해 볼까요?

1 5.4 ÷4 → ☐ ÷5 → ☐

2 7.2 ÷5 → ☐ ÷2 → ☐

몫의 소수 첫째 자리가 0인 (소수)÷(자연수)를 할 수 있어요.

30초 개념

수를 하나 내렸음에도 나누어야 할 수가 나누는 수보다 작은 경우에는 몫에 0을 쓰고 수를 하나 더 내려 계산해요.

12.24÷6의 계산

방법1 분수의 나눗셈으로 계산하기

$$12.24÷6 = \frac{1224}{100} ÷ 6 = \frac{1224÷6}{100}$$

$$= \frac{204}{100} = 2.04$$

방법2 세로셈으로 계산하기

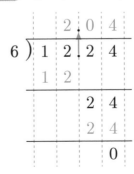

내림한 수 2가 나누는 수 6보다 작으므로 몫에 0을 쓰고 4를 더 내려 계산해요.

개념 익히기

나눗셈을 계산해 보세요.

1 (1) $3.15 \div 3 = \dfrac{315}{100} \div 3 = \dfrac{315 \div 3}{100}$

$= \dfrac{105}{100} = \boxed{1.05}$

(2)

$$3 \overline{)3.15}$$
몫: 1.05

내림한 수 1이 나누는 수 3보다 작으므로 몫에 0을 쓰고 5를 더 내려 계산해요.

2 (1) $4.28 \div 4 = \dfrac{428}{100} \div 4 = \dfrac{\boxed{} \div 4}{100}$

$= \dfrac{\boxed{}}{100} = \boxed{}$

(2) $4 \overline{)4.28}$

3 (1) $12.24 \div 6 = \dfrac{\boxed{}}{100} \div 6$

$= \dfrac{\boxed{} \div 6}{100} = \dfrac{\boxed{}}{100}$

$= \boxed{}$

(2) $6 \overline{)12.24}$

4 (1) $35.45 \div 5 = \dfrac{\boxed{}}{100} \div 5$

$= \dfrac{\boxed{} \div 5}{100} = \dfrac{\boxed{}}{100}$

$= \boxed{}$

(2) $5 \overline{)35.45}$

5 (1) $7.28 \div 7 = \dfrac{\boxed{}}{100} \div 7 = \dfrac{\boxed{} \div 7}{100}$

$= \dfrac{\boxed{}}{100} = \boxed{}$

(2) $7 \overline{)7.28}$

6 (1) $8.12 \div 4 = \dfrac{\boxed{}}{100} \div 4 = \dfrac{\boxed{} \div 4}{100}$

$= \dfrac{\boxed{}}{100} = \boxed{}$

(2) $4 \overline{)8.12}$

나눗셈을 분수로 계산해 보세요.

① $25.05 \div 5 = \dfrac{\boxed{}}{100} \div 5$

$= \dfrac{\boxed{} \div 5}{100} = \dfrac{\boxed{}}{100}$

$= \boxed{}$

② $56.63 \div 7 = \dfrac{\boxed{}}{100} \div 7$

$= \dfrac{\boxed{} \div 7}{100} = \dfrac{\boxed{}}{100}$

$= \boxed{}$

③ $56.24 \div 8 = \dfrac{\boxed{}}{100} \div 8$

$= \dfrac{\boxed{} \div 8}{100} = \dfrac{\boxed{}}{100}$

$= \boxed{}$

 ④ $45.72 \div 9 = \dfrac{\boxed{}}{100} \div 9$

$= \dfrac{\boxed{} \div 9}{100} = \dfrac{\boxed{}}{100}$

$= \boxed{}$

 나눗셈을 세로셈으로 계산해 보세요.

⑤ $6 \overline{)36.54}$

⑥ $4 \overline{)16.36}$

⑦ $4 \overline{)26.2}$

⑧ $9 \overline{)72.18}$

⑨ $3 \overline{)6.27}$

⑩ $7 \overline{)63.42}$

계산해 보세요.

1 56.24÷8

2 72.3÷6

3 35.05÷5

4 32.16÷8

5 48.6−19.43

6 45.45÷9

7 49.63÷7

8 15.3÷5

개념 키우기

✏️ 문제를 해결해 보세요.

1 똑같은 지우개 5개의 무게는 45.25 g입니다.
   지우개 한 개의 무게는 몇 g인가요?

식_____ 답_____ g

2 사각뿔 모양의 모형 피라미드를 포장하기 위해 상자를 고르려고 합니다. 피라미드는 모든
   모서리의 길이가 같고 모든 모서리의 합이 72.16 cm입니다. 그림을 보고 물음에 답하세요.

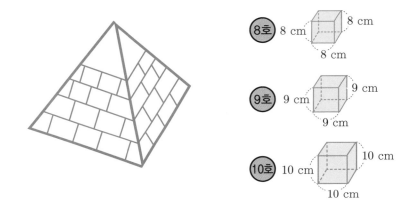

(1) 사각뿔 모양의 모형 피라미드의 모서리는 모두 몇 개인가요?

(   )개

(2) 한 모서리의 길이는 몇 cm인가요?

식_____ 답_____ cm

(3) 어느 상자를 선택해야 할까요?

(   )

개념 다시보기

 나눗셈을 계산해 보세요.

1 $6.24 \div 3 = \dfrac{\boxed{}}{100} \div 3$

$= \dfrac{\boxed{} \div 3}{100} = \dfrac{\boxed{}}{100}$

$= \boxed{}$

2 $8.32 \div 4 = \dfrac{\boxed{}}{100} \div 4$

$= \dfrac{\boxed{} \div 4}{100} = \dfrac{\boxed{}}{100}$

$= \boxed{}$

3 $7 \overline{)4\ 2.5\ 6}$

4 $6 \overline{)3\ 0.1\ 8}$

5 $8 \overline{)7\ 2.1\ 6}$

6 $4 \overline{)3\ 2.2\ 4}$

7 $5 \overline{)3\ 5.2\ 5}$

8 $9 \overline{)3\ 6.7\ 2}$

도전해 보세요

1 ☐ 안에 알맞은 수를 써넣으세요.

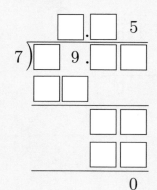

2 계산해 보세요.

(1) $2 \div 8 =$

(2) $18 \div 4 =$

개념연결

4-1나눗셈	6-1소수의 나눗셈		6-2소수의 나눗셈
(세 자리 수)÷(두 자리 수)	몫의 소수 첫째 자리가 0인 (소수)÷(자연수)	(자연수)÷(자연수)	(소수)÷(소수)
882÷42= 21	8.36÷4= 2.09	5÷2= 2.5	6.5÷0.5= 13

배운 것을 기억해 볼까요?

1 (1) 768÷12=

  (2) 819÷39=

2 (1) 8.28÷4=

  (2) 16.36÷4=

(자연수)÷(자연수)의 몫을 소수로 나타낼 수 있어요.

30초 개념 ▶ 소수점 아래에서 받아내릴 수가 없는 경우에는 0을 내려 계산해요.

5÷4의 계산

방법1 몫을 분수로 나타내기
➡ 소수로 나타내기

$$5 \div 4 = \frac{5}{4} \Rightarrow \frac{5 \times 25}{4 \times 25} = \frac{125}{100} = 1.25$$

분모가 10, 100, 1000이 되도록
분자와 분모에 같은 수를 곱해요.

방법2 세로셈으로 계산하기

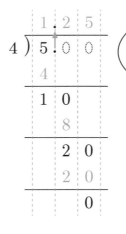

나누어지는
자연수 뒤에 소수점을 찍고
0을 내려 계산해요.

✏️ 나눗셈을 계산해 보세요.

1 (1) $6 \div 5 = \dfrac{6}{5} = \dfrac{6 \times 2}{5 \times 2} = \dfrac{12}{10} = \boxed{1.2}$

(2) $5 \overline{)6 . 0}$

자연수 바로 뒤에 소수점을 찍어요.

나누어떨어질 때까지 0을 계속 내려 계산해요.

2 (1) $7 \div 2 = \dfrac{7}{2} = \dfrac{7 \times \Box}{2 \times \Box}$

$= \dfrac{\Box}{10} = \Box$

분모가 10의 배수가 되도록 분자와 분모에 같은 수를 곱해요.

(2) $2 \overline{)7 . 0}$

3 (1) $9 \div 6 = \dfrac{\overset{3}{9}}{\underset{2}{6}} = \dfrac{3 \times \Box}{2 \times \Box}$

$= \dfrac{\Box}{\Box} = \Box$

(2) $6 \overline{)9 . 0}$

4 (1) $10 \div 4 = \dfrac{\overset{5}{10}}{\underset{2}{4}} = \dfrac{5 \times \Box}{2 \times \Box}$

$= \dfrac{\Box}{\Box} = \Box$

(2) $4 \overline{)1 0 . 0}$

5 (1) $4 \div 5 = \dfrac{4}{5} = \dfrac{4 \times \Box}{5 \times \Box}$

$= \dfrac{\Box}{\Box} = \Box$

(2) $5 \overline{)4}$

6 (1) $12 \div 8 = \dfrac{\overset{3}{12}}{\underset{2}{8}} = \dfrac{3 \times \Box}{2 \times \Box}$

$= \dfrac{\Box}{\Box} = \Box$

(2) $8 \overline{)1 2}$

나눗셈을 분수로 계산하여 몫을 소수로 나타내어 보세요.

 11÷4= $\dfrac{\boxed{}}{\boxed{}}$ = $\dfrac{\boxed{}\times\boxed{}}{\boxed{}\times\boxed{}}$

= $\dfrac{\boxed{}}{100}$ = $\boxed{}$

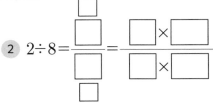 2÷8= $\dfrac{\boxed{}}{\boxed{}}$ = $\dfrac{\boxed{}\times\boxed{}}{\boxed{}\times\boxed{}}$

= $\dfrac{\boxed{}}{\boxed{}}$ = $\boxed{}$

3 9÷12= $\dfrac{\boxed{}}{\boxed{}}$ = $\dfrac{\boxed{}\times\boxed{}}{\boxed{}\times\boxed{}}$

= $\dfrac{\boxed{}}{\boxed{}}$ = $\boxed{}$

4 42÷8= $\dfrac{\boxed{}}{\boxed{}}$ = $\dfrac{\boxed{}\times\boxed{}}{\boxed{}\times\boxed{}}$

= $\dfrac{\boxed{}}{\boxed{}}$ = $\boxed{}$

 나눗셈을 세로셈으로 계산해 보세요.

5 $12\overline{)27}$

6 $8\overline{)26}$

7 $5\overline{)14.6}$

8 $20\overline{)35}$

9 $16\overline{)44}$

10 $14\overline{)7}$

나눗셈을 계산해 보세요.

① $27 \div 4$

② $15 \div 6$

③ $6 \div 24$

④ $91 \div 14$

⑤ $1\frac{3}{4} \div 3$

⑥ $18 \div 5$

⑦ $42 \div 24$

⑧ $99 \div 12$

문제를 해결해 보세요.

1 재하는 일정한 빠르기로 50 m를 8초 만에 달렸습니다.

재하가 1초에 달린 거리는 몇 m인가요?

식_____   답_____ m

2 무게가 같은 도넛이 한 상자에 8개씩 모두 15상자 있고, 총 무게는 180 g입니다.

도넛을 한 상자에 12개씩 다시 포장할 때 그림을 보고 물음에 답하세요.

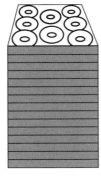

15상자 180 g

(1) 도넛은 모두 몇 개 있나요?

식_____   답_____개

(2) 도넛 한 개의 무게는 몇 g인가요?

식_____   답_____ g

(3) 다시 포장한 도넛 한 상자의 무게는 몇 g으로 표시해야 할까요?

식_____   답_____ g

나눗셈을 계산해 보세요.

1 $9 \div 2 = \dfrac{9}{2} = \dfrac{9 \times \boxed{}}{2 \times \boxed{}}$

   $= \dfrac{45}{10} = \boxed{}$

2 $16 \div 5 = \dfrac{16}{5} = \dfrac{16 \times \boxed{}}{5 \times \boxed{}}$

   $= \dfrac{\boxed{}}{\boxed{}} = \boxed{}$

3 $18 \div 8 =$

4 $15 \div 12 =$

5 $24 \div 15 =$

6 $4 \overline{)15.00}$

7 $6 \overline{)27.0}$

8 $8 \overline{)30}$

도전해 보세요

1 계산해 보세요.

   (1) $35 \div 8 =$

   (2) $26 \div 16 =$

2 나눗셈을 어림하여 몫의 소수점의 위치를 찾아 소수점을 찍어 보세요.

   $29.4 \div 4 = 7\square3\square5$

13단계 몫 어림하기

개념연결

5-2수의 범위와 어림하기	6-1소수의 나눗셈		6-2소수의 나눗셈
반올림하여 일의 자리까지 나타내기	(소수 두 자리 수)÷(자연수)	몫을 어림하기	몫을 반올림하기
56.7 ➡ 57	4.84÷2= 2.42	16.5÷5 ➡ 약 3	1.4÷0.6=2.33··· ≒ 2.3

배운 것을 기억해 볼까요?

1 반올림

수	일의 자리까지
34.8	
52.1	
62.5	

2

몫을 어림하여 소수점의 위치가 옳은지 확인할 수 있어요.

30초 개념

나누어지는 소수를 간단한 자연수로 반올림하여 어림해요.
어림한 결과와 계산 결과를 비교하여 소수점의 위치가 맞는지 확인해요.

19.6÷4의 계산

┌ 19.6을 반올림하면 약 20이에요.

어림 **20÷4** ➡ 약 5

몫 **4.9**

몫은 5에 가깝기 때문에
0.49 또는 49가 아닌 4.9예요.

이런 방법도 있어요!

정확한 값을 구하기 위해서는 세로셈으로
계산할 수 있어요.

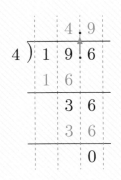

084

소수를 반올림하여 자연수로 나타내고 어림하여 계산해 보세요.

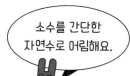 소수를 간단한 자연수로 어림해요.

① 19.5÷5

어림 20÷5 ➡ 약 [4]

 어림한 결과를 자연수로 나타내요.

② 8.7÷3

어림 _____ ➡ 약 [ ]

③ 35.6÷4

어림 _____ ➡ 약 [ ]

④ 41.6÷8

어림 _____ ➡ 약 [ ]

⑤ 49.8÷6

어림 _____ ➡ 약 [ ]

⑥ 35.4÷6

어림 _____ ➡ 약 [ ]

⑦ 62.2÷9

어림 _____ ➡ 약 [ ]

⑧ 34.3÷7

어림 _____ ➡ 약 [ ]

⑨ 18.2÷2

어림 _____ ➡ 약 [ ]

⑩ 39.4÷8

어림 _____ ➡ 약 [ ]

⑪ 11.8÷5

어림 _____ ➡ 약 [ ]

⑫ 43.6÷5

어림 _____ ➡ 약 [ ]

어림셈하여 몫의 소수점의 위치를 찾아 소수점을 찍어 보세요.

1 18.6÷5

어림 ___19÷5___ ➡ 약 [4]

몫 3□7□2

 어림한 결과가 4이므로 몫은 4에 가까운 수가 되도록 소수점을 찍어요.

2 42.21÷7

어림 _____ ➡ 약 [ ]

몫 6□0□3

3

	1	2 .	5
×			6

4 31.2÷2

어림 _____ ➡ 약 [ ]

몫 1□5□6

5 86.4÷4

어림 _____ ➡ 약 [ ]

몫 2□1□6

6 61.2÷6

어림 _____ ➡ 약 [ ]

몫 1□0□2

7 58.8÷4

어림 _____ ➡ 약 [ ]

몫 1□4□7

8 95.4÷3

어림 _____ ➡ 약 [ ]

몫 3□1□8

9 14.91÷3

어림 _____ ➡ 약 [ ]

몫 4□9□7

10 52.92÷9

어림 _____ ➡ 약 [ ]

몫 5□8□8

어림셈을 한 후 계산해 보세요.

1 18.4÷4 **몫** ___4.6___

```
        18÷4 ➡ 약 5
          4 . 6
     4 ) 1 8 . 4
         1 6
           2 4
           2 4
              0
```

2 5.7÷3 **몫** _____

3 29.4÷7 **몫** _____

4  57.6÷9 **몫** _____

5 52.2÷3 **몫** _____

6 42.7÷14 **몫** _____

개념 키우기

✏️ 문제를 해결해 보세요.

1. 파라핀을 녹인 후 심지를 꽂아 양초를 만들려고 합니다. 심지 29.5 cm로 5개의 양초를 만들 때 양초 한 개에 사용할 수 있는 심지의 길이를 어림셈을 이용하여 구해 보세요.

29.5 cm는 소수 첫째 자리에서 반올림하여 약 □ cm이므로 이것을 □ 로 나누면 심지 한 개의 길이는 약 □ cm가 될 거야.

실제로 계산해 보니까 □ cm가 되네.

2. 과학 시간에 산소 발생 실험을 하기 위해 묽은 과산화수소를 준비했습니다.
   묽은 과산화수소 2.56 L를 8개 반 학생들이 한 반에 5모둠씩 사용하면 한 모둠은 몇 L씩 사용할 수 있는지 알아보려고 합니다. 그림을 보고 물음에 답하세요.

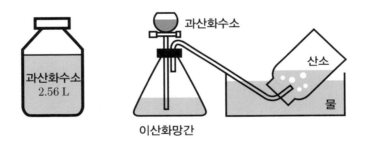

(1) 묽은 과산화수소 2.56 L를 약 2.4 L로 어림하면 8개 반이 나누어 사용할 때 한 반은 약 몇 L씩 사용할 수 있나요?

약 (　　　　　　　　) L

(2) 한 반에 5모둠이 나누어 사용할 때 한 모둠은 약 몇 L씩 사용할 수 있나요?

약 (　　　　　　　　) L

(3) 실제로 2.56 L를 8개 반 학생들이 한 반에 5모둠씩 나누어 사용할 때 한 모둠은 몇 L씩 사용할 수 있는지 계산해 보세요.

식 _____ 답 _____ L

✏️ 어림셈을 하고 몫의 소수점의 위치를 찾아 소수점을 찍어 보세요.

1. 8.7÷3

   어림 [ ]÷3 ➡ 약 [ ]

2. 43.5÷5

   어림 [ ]÷5 ➡ 약 [ ]

3. 31.6÷8

   어림 _____ ➡ 약 [ ]

   몫 3□9□5

4. 77.4÷6

   어림 _____ ➡ 약 [ ]

   몫 1□2□9

5. 41.2÷8

   어림 _____ ➡ 약 [ ]

   몫 5□1□5

6. 22.12÷7

   어림 _____ ➡ 약 [ ]

   몫 3□1□6

7. 14.91÷3

   어림 _____ ➡ 약 [ ]

   몫 4□9□7

8. 11.36÷4

   어림 _____ ➡ 약 [ ]

   몫 2□8□4

도전해 보세요

1. 나눗셈의 몫을 어림하여 몫의 소수점을 바르게 찍어 보세요.

   241.28÷8

   어림 _____ ➡ 약 [ ]

   몫 3□0□1□6

2. 몫을 어림하여 몫이 3보다 큰 나눗셈을 모두 찾아 ◯표 하세요.

10.5÷3	11.6÷4	20.8÷8
18.5÷5	28.8÷9	16.2÷6

개념연결

5-1약분과 통분	6-1비와 비율	비율 구하기	6-2비례식과 비례배분
약분하기	비 알아보기		간단한 자연수의 비

5-1약분과 통분

약분하기

$$\dfrac{\boxed{1}}{\cancel{8}\,\boxed{4}} = \dfrac{\boxed{1}}{\boxed{4}}$$

6-1비와 비율

비 알아보기

3 : 2
→ 3 대 2
→ 3과 2의 비
→ 2에 대한 3의 비
→ 3의 2에 대한 비

비율 구하기

$1:4$ ← $\dfrac{1}{4}$, $\boxed{0.25}$

6-2비례식과 비례배분

간단한 자연수의 비

$12:18=2:\boxed{3}$

배운 것을 기억해 볼까요?

1 (1) $\dfrac{15}{12} = \dfrac{\Box}{\Box} = \Box\dfrac{\Box}{\Box}$

(2) $\dfrac{42}{28} = \dfrac{\Box}{\Box} = \Box\dfrac{\Box}{\Box}$

2

7과 10의 비	•	•	7 : 10
7에 대한 10의 비	•	•	10 : 7

비율을 분수와 소수로 나타낼 수 있어요.

30초 개념
기준량에 대한 비교하는 양의 크기를 비율이라고 해요. 비를 비율로
나타낼 때는 분수나 소수로 나타낼 수 있어요.

1:5의 비율 구하기

$\underline{1} : \underline{5}$
(비교하는 양) (기준량)

1 대 5
1과 5의 비
5에 대한 1의 비
1의 5에 대한 비

$\underset{\text{비교하는 양 \ 기준량}}{1 : 5}$의 비율

분수: $1 \div 5 = \dfrac{1}{5}$

소수: $1 \div 5 = 0.2$

(비율) = (비교하는 양) ÷ (기준량) = $\dfrac{(비교하는\ 양)}{(기준량)}$

개념 익히기

비의 기준량과 비교하는 양을 구해 보세요.

1 3 : 5

기준량 _____

비교하는 양 _____

2 7 : 10

기준량 _____

비교하는 양 _____

3 5 대 25

기준량 _____

비교하는 양 _____

4 3 대 6

기준량 _____

비교하는 양 _____

5 18과 45의 비

기준량 _____

비교하는 양 _____

6 6과 5의 비

기준량 _____

비교하는 양 _____

7 25에 대한 4의 비

기준량 _____

비교하는 양 _____

8 20에 대한 7의 비

기준량 _____

비교하는 양 _____

9 5 : 12

기준량 _____

비교하는 양 _____

10 8과 15의 비

기준량 _____

비교하는 양 _____

비율을 기약분수와 소수로 나타내어 보세요.

1 $3:5$ **분수** $3 \div 5 = \dfrac{\boxed{3}}{5}$

소수

$$5 \overline{)3\,.\,0}$$

2 $6:5$ **분수** $6 \div 5 = \dfrac{\boxed{}}{5} = \boxed{} \dfrac{\boxed{}}{\boxed{}}$

소수

$$5 \overline{)6\,.\,0}$$

3 $7:10$ **분수** $7 \div 10 = \dfrac{\boxed{}}{\boxed{}}$

소수

$$1\,0 \overline{)7\,.\,0}$$

4 $5:25$ **분수** $5 \div 25 = \dfrac{\boxed{}}{\boxed{}}$

소수

$$2\,5 \overline{)5\,.\,0}$$

5 $18:25$

　　분수 _____

　　소수 _____

6 $16:20$

　　분수 _____

　　소수 _____

7 $9:12$

　　분수 _____

　　소수 _____

8 $45:12$

　　분수 _____

　　소수 _____

비율을 기약분수와 소수로 나타내어 보세요.

1 8 대 20

2 8에 대한 20의 비

3 2의 25에 대한 비

4 13의 5에 대한 비

5 17과 50의 비

6 $\dfrac{3}{4}$ ◯ 0.78

7 27과 36의 비

8 4에 대한 5의 비

개념 키우기

 문제를 해결해 보세요.

1 고속 철도를 타고 2시간 동안 서울에서 부산까지 약 350 km를 달렸습니다.
서울에서 부산까지 가는 데 걸린 시간에 대한 이동 거리의 비율을 구해 보세요.

(   )

2 서울과 제주도의 인구수와 넓이를 조사한 표입니다. 두 지역 중 인구가 더 밀집한 곳은
어디인지 알아보려고 합니다. 표와 그림을 보고 물음에 답하세요.
(인구수는 만의 자리에서, 넓이는 십의 자리에서 반올림한 수입니다.)

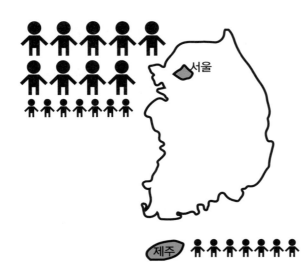

지역	서울	제주도
인구(명)	9700000	700000
넓이(km²)	600	1800

(1) 서울의 넓이에 대한 인구의 비율은 얼마인가요?

(   )

(2) 제주도의 넓이에 대한 인구의 비율은 얼마인가요?

(   )

(3) 두 지역 중 인구가 더 밀집한 곳은 어디인가요?

(   )

비의 기준량과 비교하는 양을 구해 보세요.

1 9 : 10

> 기준량 _____
>
> 비교하는 양 _____

2 7 : 10

> 기준량 _____
>
> 비교하는 양 _____

3 12에 대한 25의 비

> 기준량 _____
>
> 비교하는 양 _____

4 18의 16에 대한 비

> 기준량 _____
>
> 비교하는 양 _____

비율을 기약분수와 소수로 나타내어 보세요.

5 9 : 6

> 분수 _____
>
> 소수 _____

6 12 : 25

> 분수 _____
>
> 소수 _____

7 3 : 12

> 분수 _____
>
> 소수 _____

8 19 : 10

> 분수 _____
>
> 소수 _____

도전해 보세요

1 기준량이 비교하는 양보다 작은 비의 비율을 모두 찾아 ◯표 하세요.

$$\frac{5}{8} \quad 2.3 \quad 45\% \quad 0.71 \quad \frac{7}{4}$$

2 조건에 알맞은 비율을 분수와 소수로 나타내어 보세요.

- $\frac{3}{25}$ 과 크기가 같음
- 기준량이 100인 비율

> 분수 (   )
>
> 소수 (   )

백분율 구하기

개념연결

6-1비와 비율	6-1비와 비율	백분율 구하기	6-2비례식과 비례배분
비 알아보기	비율 구하기		비례식의 성질
3 대 2 ➡ $3:2$	$3:4$ < $\dfrac{3}{4}$, 0.75	$\dfrac{4}{25}=\dfrac{16}{100}=16$ %	$4:8=6:12$

배운 것을 기억해 볼까요?

1 (1) 9에 대한 7의 비 ➡ ☐ : ☐

(2) 4와 9의 비 ➡ ☐ : ☐

2 (1) 5:2 ➡ 분수:_____ 소수:_____

(2) 3:4 ➡ 분수:_____ 소수:_____

비율을 백분율로 나타낼 수 있어요.

30초 개념

기준량을 100으로 할 때의 비율을 백분율이라고 해요.
백분율은 기호 %를 사용하여 나타내고 '퍼센트'라고 읽어요.

$\dfrac{3}{25}$, 0.12를 백분율로 나타내기

방법1 분모를 100으로 하여 나타내기

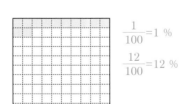

$\dfrac{1}{100}=1$ %

$\dfrac{12}{100}=12$ %

% 기호 표시

$$\dfrac{3}{25}=\dfrac{3\times4}{25\times4}=\dfrac{12}{100}=12 \text{ %}$$

기준량을 100으로

방법2 비율에 100을 곱하여 나타내기

$$\dfrac{3}{25}\times100=12 \Rightarrow 12 \text{ %}$$

% 기호 표시

$$0.12\times100=12 \Rightarrow 12 \text{ %}$$

비율이 소수일 때는 소수에 100을 곱해서 백분율로 나타낼 수 있어요.

✏️ 비율을 백분율로 나타내어 보세요.

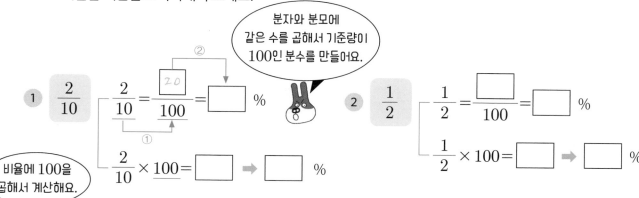

분자와 분모에 같은 수를 곱해서 기준량이 100인 분수를 만들어요.

① $\dfrac{2}{10}$

$$\dfrac{2}{10} = \dfrac{\boxed{20}}{100} = \boxed{} \%$$

$$\dfrac{2}{10} \times 100 = \boxed{} \Rightarrow \boxed{} \%$$

비율에 100을 곱해서 계산해요.

② $\dfrac{1}{2}$

$$\dfrac{1}{2} = \dfrac{\boxed{}}{100} = \boxed{} \%$$

$$\dfrac{1}{2} \times 100 = \boxed{} \Rightarrow \boxed{} \%$$

③ $\dfrac{1}{5}$

$$\dfrac{1}{5} = \dfrac{\boxed{}}{100} = \boxed{} \%$$

$$\dfrac{1}{5} \times 100 = \boxed{} \Rightarrow \boxed{} \%$$

④ $\dfrac{3}{20}$

$$\dfrac{3}{20} = \dfrac{\boxed{}}{100} = \boxed{} \%$$

$$\dfrac{3}{20} \times 100 = \boxed{} \Rightarrow \boxed{} \%$$

⑤ $\dfrac{19}{20}$

$$\dfrac{19}{20} = \dfrac{\boxed{}}{100} = \boxed{} \%$$

$$\dfrac{19}{20} \times 100 = \boxed{} \Rightarrow \boxed{} \%$$

⑥ $\dfrac{13}{50}$

$$\dfrac{13}{50} = \dfrac{\boxed{}}{100} = \boxed{} \%$$

$$\dfrac{13}{50} \times 100 = \boxed{} \Rightarrow \boxed{} \%$$

⑦ 0.4

$$0.4 = \dfrac{\boxed{}}{100} = \boxed{} \%$$

$$0.4 \times 100 = \boxed{} \Rightarrow \boxed{} \%$$

⑧ 0.6

$$0.6 = \dfrac{\boxed{}}{100} = \boxed{} \%$$

$$0.6 \times \boxed{} = \boxed{} \Rightarrow \boxed{} \%$$

비율을 백분율로 나타내어 보세요.

약분이 되면 약분한 후에 계산해요.

① $\dfrac{1}{4}$ $\qquad \dfrac{1}{4} = \dfrac{\boxed{}}{\boxed{}} = \boxed{}\ \%$

$\qquad \dfrac{1}{4} \times \boxed{} = \boxed{} \Rightarrow \boxed{}\ \%$

② $\dfrac{12}{24}$ $\qquad \dfrac{\overset{\boxed{}}{\cancel{12}}}{\underset{\boxed{}}{\cancel{24}}} = \dfrac{\boxed{}}{\boxed{}} = \boxed{}\ \%$

$\qquad \dfrac{12}{24} \times \boxed{} = \boxed{} \Rightarrow \boxed{}\ \%$

③ $\dfrac{39}{52}$ $\qquad \dfrac{\overset{\boxed{}}{\cancel{39}}}{\underset{\boxed{}}{\cancel{52}}} = \dfrac{\boxed{}}{\boxed{}} = \boxed{}\ \%$

$\qquad \dfrac{39}{52} \times \boxed{} = \boxed{} \Rightarrow \boxed{}\ \%$

④ $\dfrac{18}{25}$ $\qquad \dfrac{18}{25} = \dfrac{\boxed{}}{\boxed{}} = \boxed{}\ \%$

$\qquad \dfrac{18}{25} \times \boxed{} = \boxed{} \Rightarrow \boxed{}\ \%$

⑤ 0.38 $\qquad 0.38 = \dfrac{\boxed{}}{\boxed{}} = \boxed{}\ \%$

$\qquad 0.38 \times \boxed{} = \boxed{} \Rightarrow \boxed{}\ \%$

⑥ $2\dfrac{2}{3} \div 4 =$

⑦ 0.49 $\qquad 0.49 = \dfrac{\boxed{}}{\boxed{}} = \boxed{}\ \%$

$\qquad 0.49 \times \boxed{} = \boxed{} \Rightarrow \boxed{}\ \%$

⑧ 0.65 $\qquad 0.65 = \dfrac{\boxed{}}{\boxed{}} = \boxed{}\ \%$

$\qquad 0.65 \times \boxed{} = \boxed{} \Rightarrow \boxed{}\ \%$

⑨ $5.56 \times 4 =$

⑩ 0.17 $\qquad 0.17 = \dfrac{\boxed{}}{\boxed{}} = \boxed{}\ \%$

$\qquad 0.17 \times \boxed{} = \boxed{} \Rightarrow \boxed{}\ \%$

전체에 대한 색칠한 부분의 비율을 백분율로 나타내어 보세요.

1  → ☐ %

2  → ☐ %

3 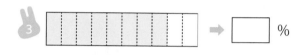 → ☐ %

4  → ☐ %

5  → ☐ %

6 $\dfrac{9}{5} \div 6$

7 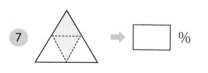 → ☐ %

8  → ☐ %

개념 키우기

✏️ 문제를 해결해 보세요.

① 준성이는 축구공을 25번 차서 골대에 21번 골을 넣었습니다. 성공률은 몇 %인가요?

(   ) %

② 노을이와 예은이는 과학 시간에 설탕물을 만들어 '용액의 진하기' 실험을 하고 있습니다.
누가 만든 설탕물이 더 진한지 알아보려고 합니다. 그림을 보고 물음에 답하세요.

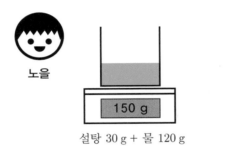

노을

설탕 30 g + 물 120 g

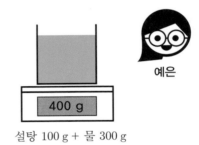

예은

설탕 100 g + 물 300 g

(1) 노을이가 만든 설탕물은 설탕물 양에 대한 설탕 양의 비율이 몇 %인가요?

(   ) %

(2) 예은이가 만든 설탕물은 설탕물 양에 대한 설탕 양의 비율이 몇 %인가요?

(   ) %

(3) 누가 만든 설탕물이 더 진할까요?

(   )

개념 다시보기

 비율을 백분율로 나타내어 보세요.

1 $\dfrac{7}{10}$ $\dfrac{7}{10} = \dfrac{\boxed{}}{100} = \boxed{}$ %

$\dfrac{7}{10} \times 100 = \boxed{}$ ➡ $\boxed{}$ %

2 0.65 $0.65 = \dfrac{\boxed{}}{\boxed{}} = \boxed{}$ %

$0.65 \times \boxed{} = \boxed{}$ ➡ $\boxed{}$ %

3 0.25 $0.25 = \dfrac{\boxed{}}{\boxed{}} = \boxed{}$ %

$0.25 \times \boxed{} = \boxed{}$ ➡ $\boxed{}$ %

4 $\dfrac{15}{25}$ $\dfrac{\overset{\boxed{}}{\cancel{15}}}{\underset{\boxed{}}{\cancel{25}}} = \dfrac{\boxed{}}{\boxed{}} = \boxed{}$ %

$\dfrac{15}{25} \times \boxed{} = \boxed{}$ ➡ $\boxed{}$ %

5 0.5 ➡ $\boxed{}$ %

6 $\dfrac{4}{5}$ ➡ $\boxed{}$ %

7 $\dfrac{3}{20}$ ➡ $\boxed{}$ %

8 0.33 ➡ $\boxed{}$ %

도전해 보세요

1 비율을 백분율로 나타내어 보세요.

$\dfrac{3}{8}$

(   ) %

2 주어진 두 비의 비율이 같도록 ☐ 안에 알맞은 수를 써넣으세요.

$2 : 5 = \boxed{} : 100$

직육면체의 부피 구하기

개념연결

5-1다각형의 둘레와 넓이	6-1직육면체의 부피와 겉넓이	직육면체의 부피	6-2공간과 입체
직사각형의 넓이	단위부피		쌓기나무의 개수

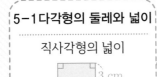

$4×3=\boxed{12}$ cm²

$\boxed{1}$ cm³

$3×4×2=\boxed{24}$ cm³

$\boxed{4}$개

배운 것을 기억해 볼까요?

1 (1)
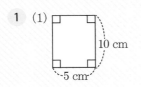
넓이: $\boxed{}$ cm²

(2)
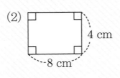
넓이: $\boxed{}$ cm²

2 (1) $\boxed{1 \text{ cm}^3} + \boxed{1 \text{ cm}^3} = \boxed{}$(cm³)

(2) $\boxed{1 \text{ cm}^3} + \boxed{1 \text{ cm}^3} + \boxed{1 \text{ cm}^3} = \boxed{}$(cm³)

직육면체의 부피를 구할 수 있어요.

30초 개념

직육면체의 부피는 단위부피 1 cm³의 개수를 세어서 구할 수 있어요.

(직육면체의 부피)=(가로)×(세로)×(높이)

가로, 세로, 높이가 5 cm, 3 cm, 4 cm인 직육면체의 부피 구하기

① 부피가 1 cm³인 쌓기나무의 개수 세기

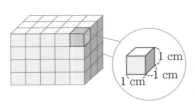

$5×3×4=60$(개) ➡ 60 cm³

'세제곱센티미터'라고 읽어요.

한 모서리의 길이가 1 cm인 정육면체의 부피를 부피의 단위로 사용해요.

② (직육면체의 부피)=(가로)×(세로)×(높이)

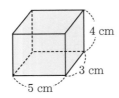

$5×3×4=60$(cm³)

부피가 1 cm³인 쌓기나무의 수를 세어 직육면체의 부피를 구해 보세요.

①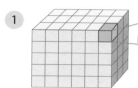

계산하기 쉬운 두 수를 먼저 곱하고 나머지 수를 곱하면 더 쉬워요.

② 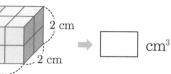 ➡ [ ] cm³

2 cm
2 cm
3 cm

$6 \times 3 \times 5 = \boxed{90}$ (개) ➡ $\boxed{90}$ cm³

가로, 세로, 높이의 쌓기나무 개수를 확인해요.

[ ] × [ ] × [ ] = [ ] (개)

③ 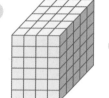 ➡ [ ] cm³

[ ] × [ ] × [ ] = [ ] (개)

④ 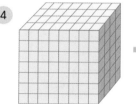 ➡ [ ] cm³

[ ] × [ ] × [ ] = [ ] (개)

⑤  ➡ [ ] cm³

[ ] × [ ] × [ ] = [ ] (개)

⑥ 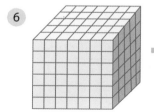 ➡ [ ] cm³

[ ] × [ ] × [ ] = [ ] (개)

 덤

$1 \text{ m}^3 = 1000000 \text{ cm}^3$

1 세제곱미터라고 읽어요.

직육면체의 부피를 구해 보세요.

1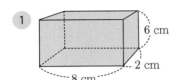

(가로) × (세로) × (높이)

= 8 × 2 × 6 = ☐96☐ (cm³)

2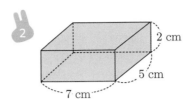

☐ × ☐ × ☐ = ☐ (cm³)

3

☐ × ☐ × ☐ = ☐ (cm³)

4

☐ × ☐ × ☐ = ☐ (cm³)

5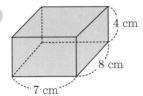

☐ × ☐ × ☐ = ☐ (cm³)

6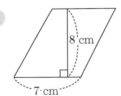

☐ × ☐ = ☐ (cm²)

7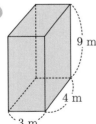

☐ × ☐ × ☐ = ☐ (m³)

= ☐ (cm³)

8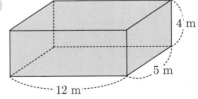

☐ × ☐ × ☐ = ☐ (m³)

= ☐ (cm³)

직육면체의 부피를 구해 보세요.

1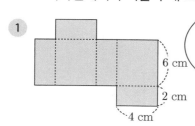

직육면체로 접었을 때의 모양을 생각하면서 가로, 세로, 높이를 곱해요.

6 cm
2 cm
4 cm

$4 \times 2 \times 6 = 48 \, (cm^3)$

2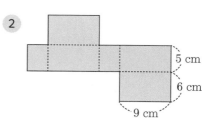

5 cm
6 cm
9 cm

3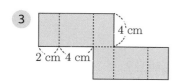

4 cm
2 cm 4 cm

4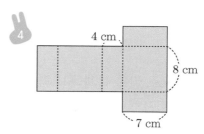

4 cm
8 cm
7 cm

5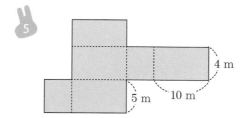

4 m
5 m 10 m

6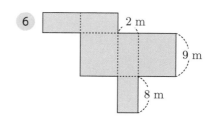

2 m
9 m
8 m

개념 키우기

✏️ 문제를 해결해 보세요.

1 직육면체 모양의 식빵의 부피는 몇 cm³인가요?

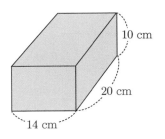

식_____　답_____ cm³

2 가로가 8 cm, 세로가 9 cm, 높이가 6 cm인 선물 상자의 부피는 몇 cm³인가요?

식_____　답_____ cm³

3 다음과 같은 모양으로 집을 설계해서 지으려고 해요. 집의 부피는 얼마일까요?
그림을 보고 물음에 답하세요.

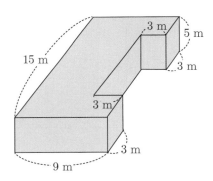

(1) 큰 직육면체의 부피에서 작은 직육면체의 부피를 빼는 방법으로 집의 부피를 구해
보세요.

식_____　답_____ m³

(2) 작은 직육면체 3개의 부피를 더하는 방법으로 집의 부피를 구해 보세요.

식_____　답_____ m³

개념 다시보기

 직육면체의 부피를 구해 보세요.

1

$\boxed{4} \times \boxed{2} \times \boxed{3} = \boxed{}$ (개) ➡ $\boxed{}$ cm³

2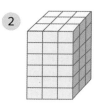

$\boxed{} \times \boxed{} \times \boxed{} = \boxed{}$ (개) ➡ $\boxed{}$ cm³

3

6 cm 5 cm 9 cm

➡ $\boxed{}$ cm³

4

9 cm 3 cm 5 cm

➡ $\boxed{}$ cm³

5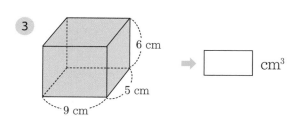

7 m 8 m 12 m

➡ $\boxed{}$ m³ = $\boxed{}$ cm³

6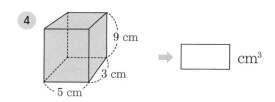

8 m 4 m 6 m

➡ $\boxed{}$ m³ = $\boxed{}$ cm³

도전해 보세요

1 전개도를 접었을 때 만들어지는 직육면체의 부피가 540 cm³일 때 빈칸에 알맞은 수를 써넣으세요.

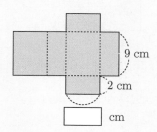

9 cm 2 cm

$\boxed{}$ cm

2 정육면체의 부피를 구해 보세요.

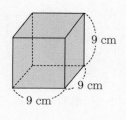

9 cm 9 cm 9 cm

(　　　　　　　　　) cm³

개념연결

6-1직육면체의 부피와 겉넓이	6-1직육면체의 부피와 겉넓이	정육면체의 부피	6-2공간과 입체
단위부피	직육면체의 부피		쌓기나무의 개수

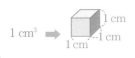

$1 \text{ cm}^3 \Rightarrow$ 1 cm, 1 cm, 1 cm

4 cm, 2 cm, 3 cm
$3 \times 2 \times 4 = \boxed{24} \text{ cm}^3$

3 cm, 3 cm, 3 cm
$3 \times 3 \times 3 = \boxed{27} \text{ cm}^3$

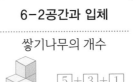

$\boxed{5} + \boxed{3} + \boxed{1}$
$= \boxed{9}$(개)

배운 것을 기억해 볼까요?

1 (1)
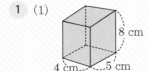
8 cm, 4 cm, 5 cm

부피: ☐ cm³

(2)
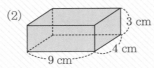
3 cm, 9 cm, 4 cm

부피: ☐ cm³

2 (1)
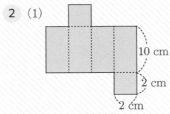
10 cm, 2 cm, 2 cm

부피: ☐ cm³

(2)
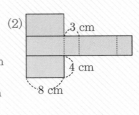
3 cm, 4 cm, 8 cm

부피: ☐ cm³

정육면체의 부피를 구할 수 있어요.

30초 개념

정육면체의 부피는 직육면체와 같은 방법으로 가로, 세로, 높이의 곱으로 구할 수 있어요. (정육면체의 부피)=(한 모서리의 길이)×(한 모서리의 길이)×(한 모서리의 길이)

한 모서리의 길이가 4 cm인 정육면체의 부피 구하기

① 부피가 1 cm³인 쌓기나무의 개수 세기

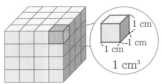
1 cm, 1 cm, 1 cm, 1 cm³

$4 \times 4 \times 4 = 64$(개) ➡ 64 cm³

② (정육면체의 부피)=(한 모서리의 길이)×(한 모서리의 길이)×(한 모서리의 길이)

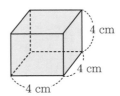
4 cm, 4 cm, 4 cm

$4 \times 4 \times 4 = 64 \text{ cm}^3$

정육면체는 모든 모서리의 길이가 같아요.

108

부피가 1 cm³인 쌓기나무의 수를 세어 정육면체의 부피를 구해 보세요.

①

가로, 세로, 높이의 쌓기나무 개수를 확인해요.

$5 \times 5 \times 5 = \boxed{125}$ (개) ➡ $\boxed{125}$ cm³

②
 ➡ $\boxed{}$ cm³

$\boxed{} \times \boxed{} \times \boxed{} = \boxed{}$ (개)

정육면체는 모든 모서리의 길이가 같으므로 한 모서리의 길이를 3번 곱하면 돼요.

③
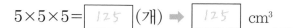 ➡ $\boxed{}$ cm³

$\boxed{} \times \boxed{} \times \boxed{} = \boxed{}$ (개)

④
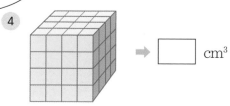 ➡ $\boxed{}$ cm³

$\boxed{} \times \boxed{} \times \boxed{} = \boxed{}$ (개)

⑤
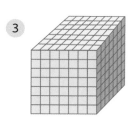 ➡ $\boxed{}$ cm³

$\boxed{} \times \boxed{} \times \boxed{} = \boxed{}$ (개)

⑥
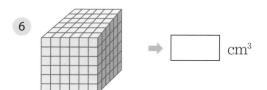 ➡ $\boxed{}$ cm³

$\boxed{} \times \boxed{} \times \boxed{} = \boxed{}$ (개)

⑦
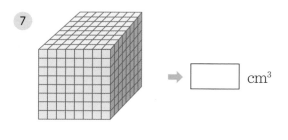 ➡ $\boxed{}$ cm³

$\boxed{} \times \boxed{} \times \boxed{} = \boxed{}$ (개)

⑧
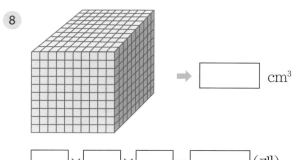 ➡ $\boxed{}$ cm³

$\boxed{} \times \boxed{} \times \boxed{} = \boxed{}$ (개)

개념 다지기

정육면체의 부피를 구해 보세요.

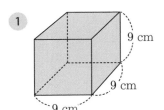

(1)

(한 모서리의 길이)×(한 모서리의 길이)

×(한 모서리의 길이)=9×9×9= 729 (cm³)

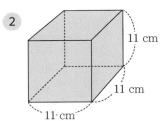

(2)

☐×☐×☐=☐ (cm³)

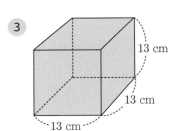

(3)

☐×☐×☐=☐ (cm³)

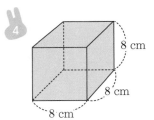

(4)

☐×☐×☐=☐ (cm³)

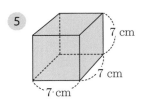

(5)

☐×☐×☐=☐ (cm³)

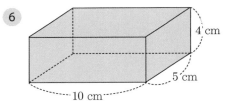

(6)

☐×☐×☐=☐ (cm³)

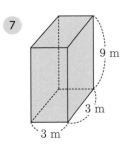

(7)

☐×☐×☐=☐ (m³)

=☐ (cm³)

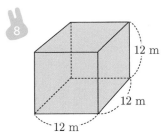

(8)

☐×☐×☐=☐ (m³)

=☐ (cm³)

110

✏️ 정육면체의 부피를 구해 보세요.

1
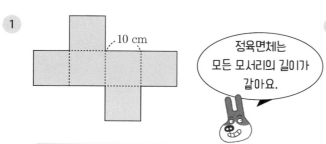
10 cm

> 정육면체는
> 모든 모서리의 길이가
> 같아요.

$10 × 10 × 10 = 1000 (cm^3)$

2
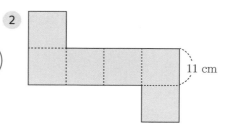
11 cm

3
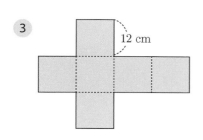
12 cm

4
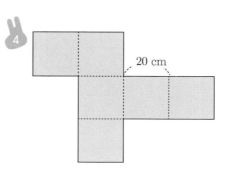
20 cm

5
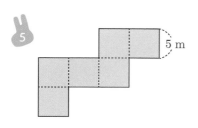
5 m

6
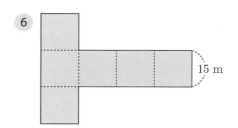
15 m

개념 키우기

✏ 문제를 해결해 보세요.

1 떡을 한 모서리의 길이가 6 cm인 정육면체 모양으로 자르면 떡 한 개의 부피는
몇 cm³인가요?

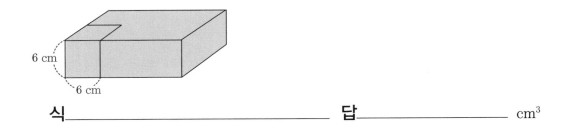

식 _____ 답 _____ cm³

2 한 모서리의 길이가 5 m인 큐브의 부피는 몇 m³인가요?

식 _____ 답 _____ m³

3 직육면체 모양의 두부를 잘라서 정육면체 모양으로 만들려고 합니다.
그림을 보고 물음에 답하세요.

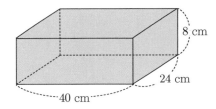

(1) 가장 큰 정육면체로 자를 때 한 변의 길이는 몇 cm일까요?

(   ) cm

(2) 가장 큰 정육면체 모양으로 자른 두부 한 개의 부피는 몇 cm³인가요?

식 _____ 답 _____ cm³

개념 다시보기

✏️ 정육면체의 부피를 구해 보세요.

① 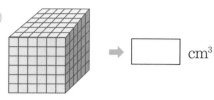 ➡️ ◻ cm³

◻ × ◻ × ◻ = ◻ (개)

② 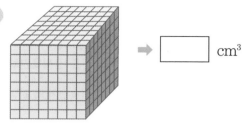 ➡️ ◻ cm³

◻ × ◻ × ◻ = ◻ (개)

③ 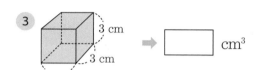 ➡️ ◻ cm³

3 cm 3 cm 3 cm

④ 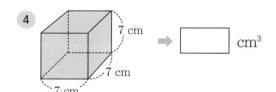 ➡️ ◻ cm³

7 cm 7 cm 7 cm

⑤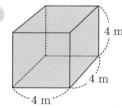

4 m 4 m 4 m

➡️ ◻ m³ = ◻ cm³

⑥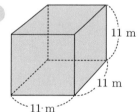

11 m 11 m 11 m

➡️ ◻ m³ = ◻ cm³

도전해 보세요

① 정육면체의 한 모서리의 길이가 2배가 되면 부피는 몇 배가 될까요?

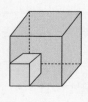

(   )배

② 정육면체의 부피가 64 cm³일 때 ◻ 안에 알맞은 수를 써넣으세요.

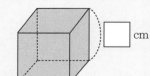

◻ cm

개념연결

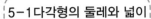

5-1 다각형의 둘레와 넓이	5-2 직육면체	6-1 직육면체의 부피와 겉넓이	
직사각형의 넓이	직육면체의 겨냥도	직육면체의 전개도	직육면체의 겉넓이

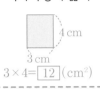

$3 \times 4 = \boxed{12} \, (cm^2)$

밑면

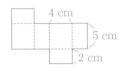

4 cm
5 cm
2 cm

1 cm
3 cm
2 cm

$\boxed{22} \, cm^2$

배운 것을 기억해 볼까요?

1 마주 보는 면에 색칠해 보세요.

(1)

(2)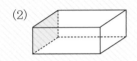

2 (1)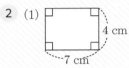

4 cm
7 cm

(2)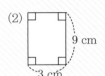

9 cm
3 cm

넓이: ☐ cm²   넓이: ☐ cm²

합동인 면을 이용하여 직육면체의 겉넓이를 구할 수 있어요.

30초 개념

직육면체에서 마주 보는 두 면은 항상 합동이에요.

(직육면체의 겉넓이)=(한 꼭짓점에서 만나는 세 면의 넓이)×2

가로, 세로, 높이가 3 cm, 2 cm, 4 cm**인 직육면체의 겉넓이 구하기**

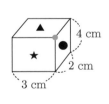

4 cm
2 cm
3 cm

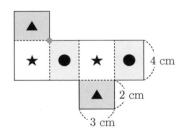

4 cm
2 cm
3 cm

(직육면체의 겉넓이)=(★+●+▲)×2
$=(3 \times 4 + 2 \times 4 + 3 \times 2) \times 2$
$=(12+8+6) \times 2$
$=26 \times 2$
$=52 \, (cm^2)$

이런 방법도 있어요!

여섯 면의 넓이를 따로따로 계산해서
더할 수도 있어요.

(직육면체의 겉넓이)
=(★+●+▲+★+●+▲)
$=12+8+6+12+8+6=52 \, (cm^2)$

114

개념 익히기

✏️ 직육면체의 겉넓이를 구해 보세요.

①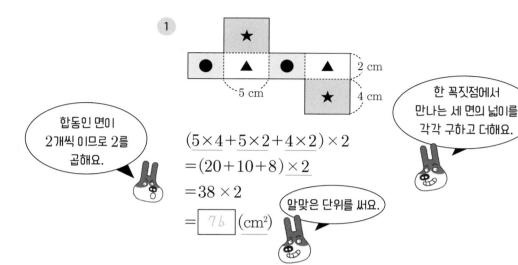

합동인 면이
2개씩 이므로 2를
곱해요.

한 꼭짓점에서
만나는 세 면의 넓이를
각각 구하고 더해요.

$(5 \times 4 + 5 \times 2 + 4 \times 2) \times 2$
$= (20 + 10 + 8) \times 2$
$= 38 \times 2$

알맞은 단위를 써요.

$= \boxed{76} \; (\text{cm}^2)$

②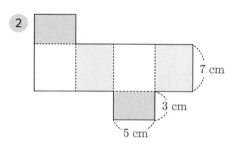

$(5 \times 3 + 3 \times 7 + 5 \times 7) \times 2$
$= (\boxed{} + \boxed{} + \boxed{}) \times 2$
$= \boxed{} \times 2$
$= \boxed{} \; (\text{cm}^2)$

③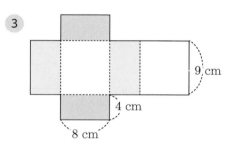

$(8 \times 4 + 8 \times 9 + 4 \times 9) \times 2$
$= (\boxed{} + \boxed{} + \boxed{}) \times 2$
$= \boxed{} \times 2$
$= \boxed{} \; (\text{cm}^2)$

④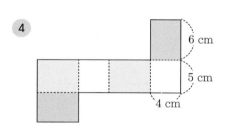

$(4 \times 5 + 4 \times 6 + \boxed{} \times \boxed{}) \times 2$
$= (\boxed{} + \boxed{} + \boxed{}) \times 2$
$= \boxed{} \times 2$
$= \boxed{} \; (\text{cm}^2)$

⑤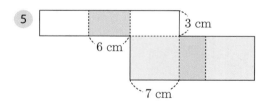

$(6 \times 3 + 6 \times 7 + \boxed{} \times \boxed{}) \times 2$
$= (\boxed{} + \boxed{} + \boxed{}) \times 2$
$= \boxed{} \times 2$
$= \boxed{} \; (\text{cm}^2)$

직육면체의 겉넓이를 구해 보세요.

1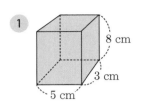

$$\left(\boxed{}+\boxed{}+\boxed{}\right)\times 2=\boxed{}\times 2=\boxed{}\,(cm^2)$$

2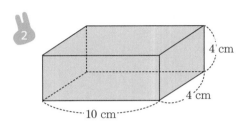

$$\left(\boxed{}+\boxed{}+\boxed{}\right)\times 2=\boxed{}\times 2=\boxed{}\,(cm^2)$$

3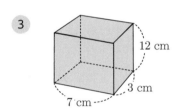

$$\left(\boxed{}+\boxed{}+\boxed{}\right)\times 2=\boxed{}\times 2=\boxed{}\,(cm^2)$$

4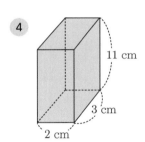

$$\left(\boxed{}+\boxed{}+\boxed{}\right)\times 2=\boxed{}\times 2=\boxed{}\,(cm^2)$$

5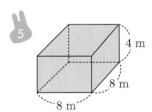

$$\left(\boxed{}+\boxed{}+\boxed{}\right)\times 2=\boxed{}\times 2=\boxed{}\,(m^2)$$

6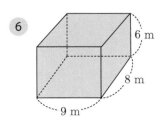

$$\left(\boxed{}+\boxed{}+\boxed{}\right)\times 2=\boxed{}\times 2=\boxed{}\,(m^2)$$

직육면체의 겉넓이를 구해 보세요.

1

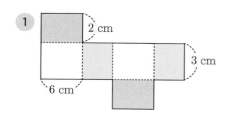
2 cm
3 cm
6 cm

$$(6 \times 2 + 6 \times 3 + 2 \times 3) \times 2$$
$$= (12 + 18 + 6) \times 2$$
$$= 36 \times 2 = 72 \,(cm^2)$$

2

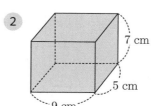
7 cm
5 cm
9 cm

3

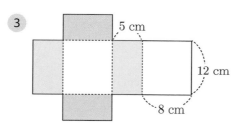
5 cm
12 cm
8 cm

4

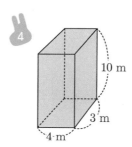
10 m
3 m
4 m

5

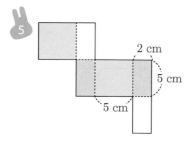
2 cm
5 cm
5 cm

6

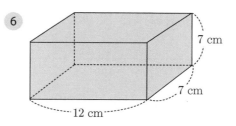
7 cm
7 cm
12 cm

개념 키우기

문제를 해결해 보세요.

1 직육면체 모양의 상자를 포장하려고 합니다. 필요한 포장지의 넓이는 몇 cm²인가요?

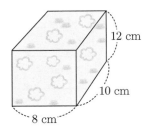

식_____ 답_____ cm²

2 과자 상자의 부피는 480 cm³로 같을 때, 포장 종이를 더 절약하는 방법을 알아보려고 합니다.
그림을 보고 물음에 답하세요.

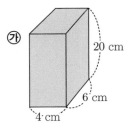   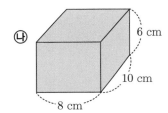

(1) ㉮ 상자의 겉넓이는 몇 cm²인가요?

식_____ 답_____ cm²

(2) ㉯ 상자의 겉넓이는 몇 cm²인가요?

식_____ 답_____ cm²

(3) ㉮와 ㉯ 중 어느 상자를 골라야 포장 종이를 더 절약할 수 있나요?

(   )

개념 다시보기

 직육면체의 겉넓이를 구해 보세요.

1

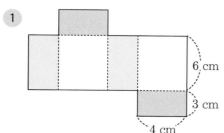

$(4 \times 3 + 3 \times 6 + 4 \times 6) \times 2$

$= (\boxed{} + \boxed{} + \boxed{}) \times 2$

$= \boxed{} (\text{cm}^2)$

2

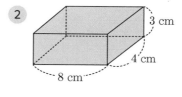

$(8 \times 4 + 8 \times 3 + 4 \times 3) \times 2$

$= (\boxed{} + \boxed{} + \boxed{}) \times 2$

$= \boxed{} (\text{cm}^2)$

3

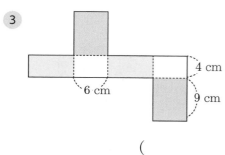

(   ) cm²

4

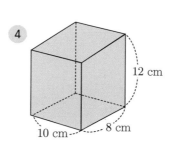

(   ) cm²

5

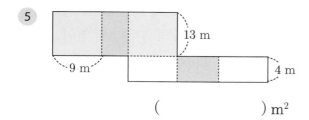

(   ) m²

6

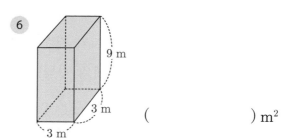

(   ) m²

도전해 보세요

1 직육면체의 겉넓이가 412 cm²일 때 빈칸에 알맞은 수를 써넣으세요.

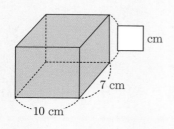

2 직육면체의 겉넓이를 구해 보세요.

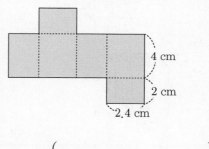

(   ) cm²

개념연결

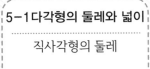

5-1 다각형의 둘레와 넓이

직사각형의 둘레

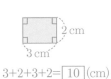

2 cm
3 cm

$3+2+3+2=$ ☐10 (cm)

5-2 직육면체

직육면체의 전개도

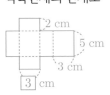

2 cm
5 cm
3 cm
3 cm

6-1 직육면체의
부피와 겉넓이

직육면체의 겉넓이

5 cm
2 cm
3 cm

$(3×2+3×5+2×5)×2$
$=$ ☐62 (cm²)

직육면체의 겉넓이

3 cm
5 cm
2 cm

$(2×3)×2+(2+3+2+3)×5$
$=$ ☐62 (cm²)

배운 것을 기억해 볼까요?

1 (1)

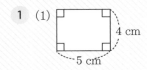

4 cm
5 cm

둘레: ☐ cm

(2)

8 cm
3 cm

둘레: ☐ cm

2

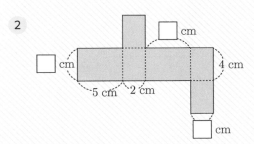

☐ cm
☐ cm
5 cm 2 cm
4 cm
☐ cm

전개도를 이용하여 직육면체의 겉넓이를 구할 수 있어요.

30초 개념

직육면체에는 넓이가 같은 2개의 밑면과 직사각형 모양의 4개의 옆면이
있어요. (직육면체의 겉넓이)=(한 밑면의 넓이)×2+(옆면의 넓이)

가로, 세로, 높이가 3 cm, 2 cm, 4 cm인 직육면체의 겉넓이 구하기

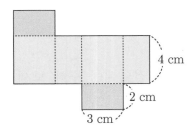

4 cm
2 cm
3 cm

(직육면체의 겉넓이)= ☐ ×2+ ☐

$=(3×2)×2+(3+2+3+2)×4$

$=6×2+10×4$

$=12+40$

$=52 \,(cm^2)$

4 cm
2 cm
3 cm

개념 익히기

 직육면체의 겉넓이를 구해 보세요.

 밑면의 넓이를 구하고 2를 곱해요.

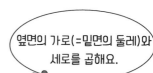 옆면의 가로(=밑면의 둘레)와 세로를 곱해요.

1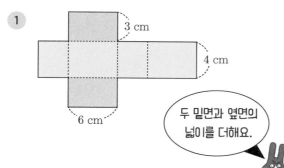

3 cm
4 cm
6 cm

$(6 \times 3) \times 2 + (6 + 3 + 6 + 3) \times 4$

$= 18 \times 2 + 18 \times 4$

$= 36 + 72$

두 밑면과 옆면의 넓이를 더해요.

$= \boxed{} \, (\text{cm}^2)$

알맞은 단위를 써요.

2

7 cm
2 cm
3 cm

$(3 \times 2) \times 2 + (3 + 2 + 3 + 2) \times 7$

$= \boxed{} \times 2 + \boxed{} \times 7$

$= \boxed{} + \boxed{}$

$= \boxed{} \, (\text{cm}^2)$

3

4 cm
2 cm
6 cm

$(6 \times 4) \times 2 + (6 + 4 + 6 + 4) \times 2$

$= \boxed{} \times 2 + \boxed{} \times 2$

$= \boxed{} + \boxed{}$

$= \boxed{} \, (\text{cm}^2)$

4

3 cm
8 cm
6 cm

$(\boxed{} \times \boxed{}) \times 2 + (\boxed{} + \boxed{} + \boxed{} + \boxed{}) \times 8$

$= \boxed{} \times 2 + \boxed{} \times 8$

$= \boxed{} + \boxed{} = \boxed{} \, (\text{cm}^2)$

5

9 m
5 m
2 m

$(\boxed{} \times \boxed{}) \times 2 + (\boxed{} + \boxed{} + \boxed{} + \boxed{}) \times 9$

$= \boxed{} \times 2 + \boxed{} \times 9$

$= \boxed{} + \boxed{} = \boxed{} \, (\text{m}^2)$

✏️ 색칠된 밑면과 나머지 옆면을 이용해서 직육면체의 겉넓이를 구해 보세요.

1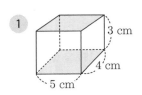

$(\boxed{}\times\boxed{})\times2+(\boxed{}+\boxed{}+\boxed{}+\boxed{})\times\boxed{}$

$=\boxed{}\times2+\boxed{}\times\boxed{}=\boxed{}+\boxed{}=\boxed{}$ (cm²)

2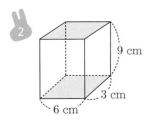

$(\boxed{}\times\boxed{})\times2+(\boxed{}+\boxed{}+\boxed{}+\boxed{})\times\boxed{}$

$=\boxed{}\times2+\boxed{}\times\boxed{}=\boxed{}+\boxed{}=\boxed{}$ (cm²)

3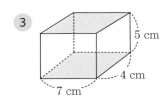

$(\boxed{}\times\boxed{})\times2+(\boxed{}+\boxed{}+\boxed{}+\boxed{})\times\boxed{}$

$=\boxed{}\times2+\boxed{}\times\boxed{}=\boxed{}+\boxed{}=\boxed{}$ (cm²)

4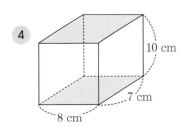

$=\boxed{}\times2+\boxed{}\times\boxed{}=\boxed{}+\boxed{}=\boxed{}$ (cm²)

5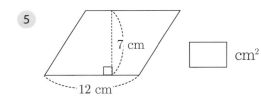

$\boxed{}$ cm²

6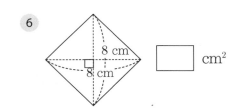

$\boxed{}$ cm²

7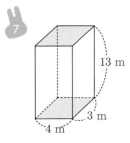

$=\boxed{}\times2+\boxed{}\times\boxed{}=\boxed{}+\boxed{}=\boxed{}$ (m²)

직육면체의 겉넓이를 구해 보세요.

1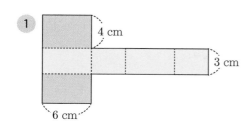

4 cm
3 cm
6 cm

$(6 \times 4) \times 2 + (6 + 4 + 6 \times 4) \times 3$
$= 24 \times 2 + 20 \times 3$
$= 48 + 60 = 108 \, (cm^2)$

2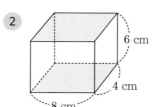

6 cm
4 cm
8 cm

3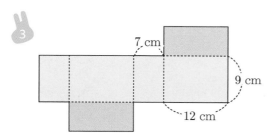

7 cm
9 cm
12 cm

4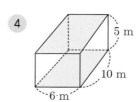

5 m
10 m
6 m

5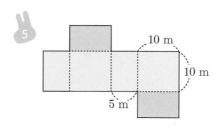

10 m
10 m
5 m

6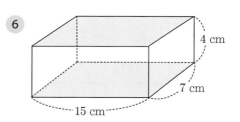

4 cm
7 cm
15 cm

문제를 해결해 보세요.

1 밑면의 넓이가 180 cm²이고 밑면의 둘레가 54 cm, 높이가 10 cm인 직육면체 모양의 저금통을 만들려고 합니다. 저금통의 겉넓이는 몇 cm²일까요?

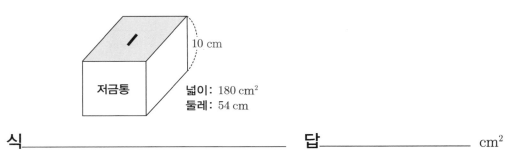

식_____ 답_____ cm²

2 가로, 세로가 각각 50 cm인 정사각형 모양의 도화지에 전개도를 그려 상자를 만들었습니다. 그림을 보고 물음에 답하세요.

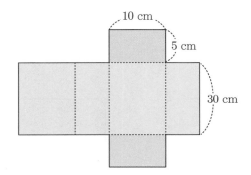

(1) 상자의 전개도에서 두 밑면의 넓이는 몇 cm²인가요?

식_____ 답_____ cm²

(2) 상자의 전개도에서 옆면의 넓이는 몇 cm²인가요?

식_____ 답_____ cm²

(3) 상자의 겉넓이는 몇 cm²인가요?

식_____ 답_____ cm²

(4) 상자를 만들고 남은 종이의 넓이는 몇 cm²인가요?

식_____ 답_____ cm²

개념 다시보기

 직육면체의 겉넓이를 구해 보세요.

1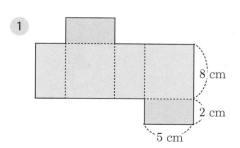

8 cm
2 cm
5 cm

$(\boxed{} \times \boxed{}) \times 2 + (\boxed{} + \boxed{} + \boxed{} + \boxed{}) \times 8$

$= \boxed{} \times 2 + \boxed{} \times 8$

$= \boxed{} + \boxed{} = \boxed{}$ (cm²)

2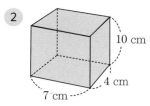

10 cm
4 cm
7 cm

$(\boxed{} \times \boxed{}) \times 2 + (\boxed{} + \boxed{} + \boxed{} + \boxed{}) \times 10$

$= \boxed{} \times 2 + \boxed{} \times 10$

$= \boxed{} + \boxed{} = \boxed{}$ (cm²)

3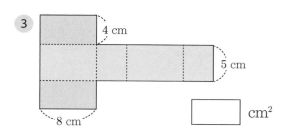

4 cm
5 cm
8 cm

$\boxed{}$ cm²

4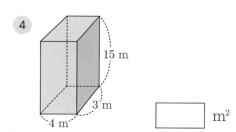

15 m
3 m
4 m

$\boxed{}$ m²

5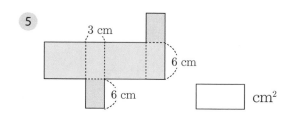

3 cm
6 cm
6 cm

$\boxed{}$ cm²

6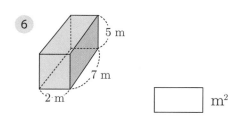

5 m
7 m
2 m

$\boxed{}$ m²

도전해 보세요

1 직육면체의 한 밑면의 넓이가 15 cm², 둘레가 16 cm이고 겉넓이가 158 cm²일 때 $\boxed{}$ 안에 알맞은 수를 써넣으세요.

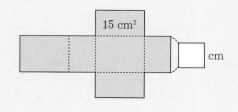

15 cm²

$\boxed{}$ cm

2 정육면체의 겉넓이를 구해 보세요.

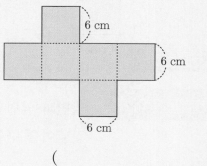

6 cm
6 cm
6 cm

( ) cm²

개념연결

5-1 다각형의 둘레와 넓이	5-2 직육면체	6-1 직육면체의 부피와 겉넓이	정육면체의 겉넓이
정사각형의 넓이	정육면체의 전개도	직육면체의 겉넓이	

$2 \times 2 = \boxed{4} \, (\text{cm}^2)$

배운 것을 기억해 볼까요?

1 (1)

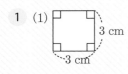

넓이: ☐ cm²

(2)

넓이: ☐ cm²

2 (1)

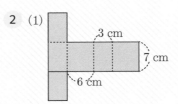

겉넓이: ☐ cm²

(2)

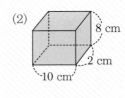

겉넓이: ☐ cm²

정육면체의 겉넓이를 구할 수 있어요.

30초 개념

정육면체의 여섯 면은 모두 합동이에요.

(정육면체의 겉넓이)=(한 모서리의 길이)×(한 모서리의 길이)×6

한 모서리의 길이가 4 cm인 정육면체의 겉넓이 구하기

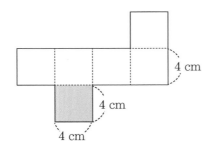

(정육면체의 겉넓이)=4×4×6

=16×6

=96 (cm²)

이런 방법도 있어요!

밑면과 옆면의 넓이를 이용해서 겉넓이를 구할 수도 있어요.

(정육면체의 겉넓이)

=(4×4)×2+(4+4+4+4)×4

=16×2+16×4

=32+64=96 (cm²)

126

✏️ 정육면체의 겉넓이를 구해 보세요.

1

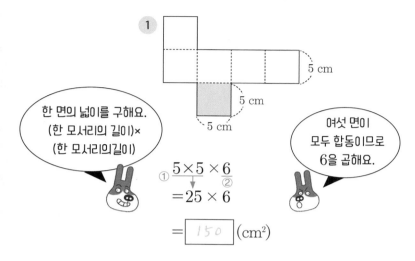

5 cm
5 cm
5 cm

한 면의 넓이를 구해요.
(한 모서리의 길이)×
(한 모서리의길이)

여섯 면이
모두 합동이므로
6을 곱해요.

① $5 \times 5 \times 6$ ②
$= 25 \times 6$

$= \boxed{150}$ (cm²)

2

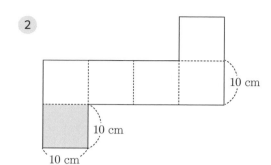

10 cm
10 cm
10 cm

$10 \times 10 \times 6$

$= \boxed{} \times 6$

$= \boxed{}$ (cm²)

3

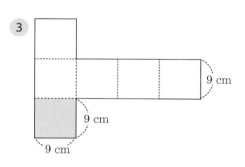

9 cm
9 cm
9 cm

$\boxed{} \times \boxed{} \times \boxed{}$

$= \boxed{} \times \boxed{} = \boxed{}$ (cm²)

4

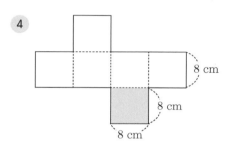

8 cm
8 cm
8 cm

$\boxed{} \times \boxed{} \times \boxed{}$

$= \boxed{} \times \boxed{} = \boxed{}$ (cm²)

5

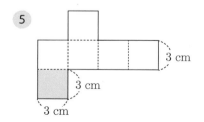

3 cm
3 cm
3 cm

$\boxed{} \times \boxed{} \times \boxed{}$

$= \boxed{} \times \boxed{} = \boxed{}$ (cm²)

6

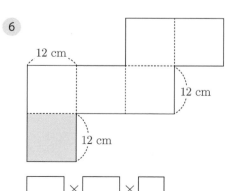

12 cm
12 cm
12 cm

$\boxed{} \times \boxed{} \times \boxed{}$

$= \boxed{} \times \boxed{} = \boxed{}$ (cm²)

정육면체의 겉넓이를 구해 보세요.

1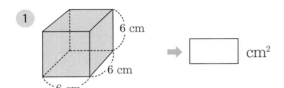

➡ ☐ cm²

☐ × ☐ × ☐ = ☐ (cm²)

2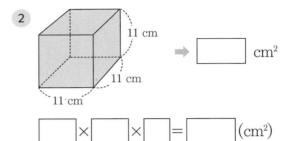

➡ ☐ cm²

☐ × ☐ × ☐ = ☐ (cm²)

3

➡ ☐ cm²

☐ × ☐ × ☐ = ☐ (cm²)

4

➡ ☐ cm²

☐ × ☐ × ☐ = ☐ (cm²)

5 $3:4=\dfrac{☐}{☐}$

$2:5=\dfrac{☐}{☐}$

6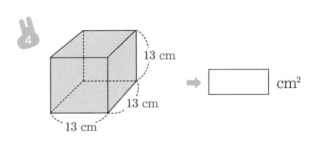

부피( ) cm³

7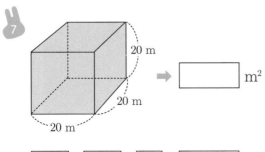

➡ ☐ m²

☐ × ☐ × ☐ = ☐ (m²)

8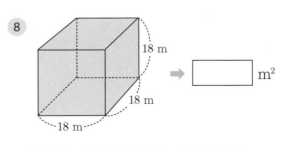

➡ ☐ m²

☐ × ☐ × ☐ = ☐ (m²)

정육면체의 겉넓이를 구해 보세요.

1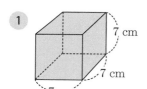

$7 \times 7 \times 6 = 49 \times 6 = 294 \ (cm^2)$

2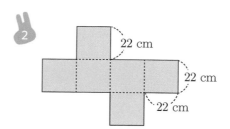

3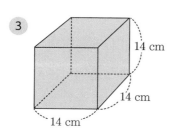

4 $31.44 \div 4 =$

5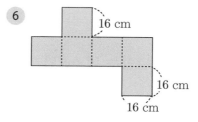

6

7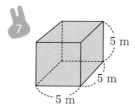

8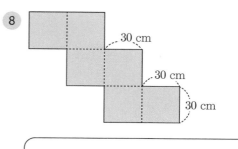

개념 키우기

✏️ 문제를 해결해 보세요.

① 한 모서리의 길이가 9 cm인 정육면체 모양 큐브의 겉넓이는 몇 cm²인가요?

9 cm

식_____ 답_____ cm²

② 뜨거운 두부를 잘게 자르면 공기와 닿는 면적이 더 넓어져 빨리 식힐 수 있습니다. 직육면체 모양의 큰 두부를 정육면체 모양의 작은 두부 4조각으로 자르면 겉넓이는 몇 배가 늘어나는지 알아보려고 합니다. 그림을 보고 물음에 답하세요.

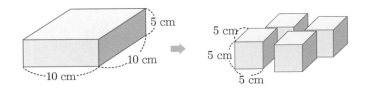

(1) 처음 두부의 겉넓이는 몇 cm²인가요?

식_____ 답_____ cm²

(2) 정육면체로 자른 두부 4조각의 겉넓이는 몇 cm²인가요?

식_____ 답_____ cm²

(3) 정육면체로 자른 두부 4조각의 겉넓이는 처음 두부의 겉넓이보다 몇 배 늘어났나요?

( )배

정육면체의 겉넓이를 구해 보세요.

1

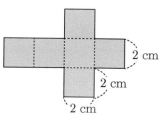

2 cm
2 cm
2 cm

$\boxed{} \times \boxed{} \times \boxed{} = \boxed{} \times \boxed{} = \boxed{}$ (cm²)

2

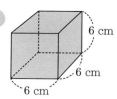

6 cm
6 cm
6 cm

$\boxed{} \times \boxed{} \times \boxed{} = \boxed{} \times \boxed{} = \boxed{}$ (cm²)

3

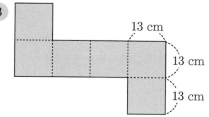

13 cm
13 cm
13 cm

$\boxed{}$ cm²

4

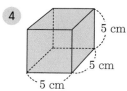

5 cm
5 cm
5 cm

$\boxed{}$ cm²

5

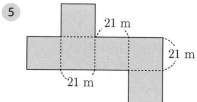

21 m
21 m
21 m

$\boxed{}$ m²

6

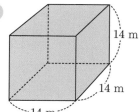

14 m
14 m
14 m

$\boxed{}$ m²

도전해 보세요

1 정육면체의 겉넓이를 구해 보세요.

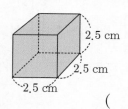

2.5 cm
2.5 cm
2.5 cm

(　　　　　　　) cm²

2 정육면체의 겉넓이가 486 cm²일 때 한 모서리의 길이는 몇 cm인가요?

(　　　　　　　) cm

1~6학년 연산 | 개념연결 지도

1-1	1-2	2-1	2-2	3-1	3-2
0에서 9까지의 수	99까지의 수	세 자리 수	네 자리 수	세 자리 수의 덧셈	(세 자리 수) × (한 자리 수)
0에서 9까지의 수 크기 비교	100까지 수의 크기 비교	두 자리 수의 덧셈	네 자리 수의 크기 비교	세 자리 수의 뺄셈	(두 자리 수) × (두 자리 수)
9까지의 수 가르기와 모으기	두 자리 수의 덧셈	여러 가지 방법으로 덧셈하기	2~9단 곱셈구구	똑같이 나누기	(두 자리 수) ÷ (한 자리 수)
한 자리 수의 덧셈	두 자리 수의 뺄셈	두 자리 수의 뺄셈	1단 곱셈구구와 0의 곱	곱셈과 나눗셈의 관계	(세 자리 수) ÷ (한 자리 수)
한 자리 수의 뺄셈	두 자리 수의 덧셈과 뺄셈	여러 가지 방법으로 뺄셈하기	곱셈표 만들기	(두 자리 수) × (한 자리 수)	분수만큼 계산하기
한 자리 수의 덧셈과 뺄셈	세 수의 덧셈과 뺄셈	덧셈과 뺄셈의 관계	길이의 합과 차	길이의 단위	여러 가지 분수
십몇 가르기와 모으기	10을 만들어 더하기	세 수의 덧셈과 뺄셈	시각	시간의 덧셈	들이의 덧셈과 뺄셈
50까지의 수	받아올림이 있는 덧셈	묶어 세기	시간	시간의 뺄셈	무게의 덧셈과 뺄셈
50까지의 수 크기 비교	받아내림이 있는 뺄셈	곱셈식	표에서 규칙 찾기		

| 4-1 | 4-2 | 5-1 | 5-2 | 6-1 | 6-2 |

큰 수 / 여러 가지 분수 / 자연수의 혼합 계산 / 수의 범위 / (자연수)÷(자연수)의 몫을 분수로 나타내기 / 분수의 나눗셈의 계산 원리

뛰어 세기 / 분모가 같은 분수의 덧셈 / 약수와 배수 / 올림과 버림 / (분수)÷(자연수) / 분수의 나눗셈을 곱셈으로 바꾸기

큰 수의 크기 비교 / 분모가 같은 분수의 뺄셈 / 최대공약수와 최소공배수 / (자연수)×(분수) / (소수)÷(자연수) / 소수의 나눗셈의 계산 원리

각도의 합과 차 / 소수 두 자리 수와 소수 세 자리 수 / 크기가 같은 분수 만들기 / (분수)×(분수) / (자연수)÷(자연수)의 몫을 소수로 나타내기 / 소수의 나눗셈의 몫 반올림하기

삼각형과 사각형의 각의 크기의 합 / 소수의 크기 비교 / 분수와 소수의 크기 비교 / 세 분수의 곱셈 / 몫을 어림하기 / 비와 그 성질

(세 자리 수)×(두 자리 수) / 소수 사이의 관계 / 분모가 다른 진분수의 덧셈 / 분수의 곱셈과 1 만들기 / 비율과 백분율 / 비례식의 성질

두 자리 수로 나누기 / 소수의 덧셈 / 분모가 다른 대분수의 덧셈 / (자연수)×(소수) / 직육면체와 정육면체의 부피 / 비례배분

(세 자리 수)÷(두 자리 수) / 소수의 뺄셈 / 분모가 다른 진분수의 뺄셈 / (소수)×(소수) / 직육면체와 정육면체의 겉넓이 / 원주율

분모가 다른 대분수의 뺄셈 / 평균 / 원의 넓이

초등
6학년

개념 연결 연산의 발견

정답과 풀이

선생님 놀이 해설

우리 친구의 설명이
해설과 조금 달라도 괜찮아.
개념을 이해하고 설명했다면
통과!

1단계 1보다 작은 (자연수)÷(자연수)의
몫을 분수로 나타내기

▶ 배운 것을 기억해 볼까요? **012쪽**

1 (1) 2 (2) 4

2 (1) $\dfrac{3}{5}$ (2) $\dfrac{6}{5}=1\dfrac{1}{5}$

개념 익히기 **013쪽**

1 $\dfrac{1}{2}$

2 $\dfrac{1}{3}$; 예

3 $\dfrac{1}{4}$; 예

4 $\dfrac{1}{5}$; 예

5 $\dfrac{1}{6}$; 예

6 $\dfrac{1}{7}$; 예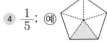

7 $\dfrac{2}{3}$; 예

8 $\dfrac{3}{4}$; 예

9 $\dfrac{2}{5}$; 예

10 $\dfrac{2}{7}$; 예

개념 다지기 **014쪽**

1 $\dfrac{3}{4}$; 예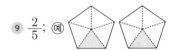

2 $\dfrac{3}{5}$; 예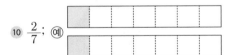

3 $\dfrac{5}{6}$; 예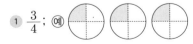

4 $\dfrac{3}{7}$; 예

5 $\dfrac{4}{5}$; 예

6 $1\dfrac{3}{4}$ 7 $\dfrac{4}{9}$ 8 $\dfrac{5}{8}$ 9 $\dfrac{7}{9}$

10 $\dfrac{11}{13}$ 11 $\dfrac{3}{11}$ 12 $\dfrac{2}{7}$

선생님놀이

7 4를 9로 나눌 때 나누어지는 수 4는 분자가 되고, 나누는 수 9는 분모가 되므로 몫은 $\dfrac{4}{9}$ 예요.

10 11을 13으로 나눌 때 나누어지는 수 11은 분자가 되고, 나누는 수 13은 분모가 되므로 몫은 $\dfrac{11}{13}$ 이에요.

개념 다지기 **015쪽**

1 예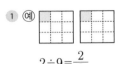

$2÷9=\dfrac{2}{9}$

2 예

$3÷8=\dfrac{3}{8}$

3 예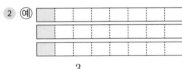

$4÷6=\dfrac{\overset{2}{\cancel{4}}}{\underset{3}{\cancel{6}}}=\dfrac{2}{3}$

4 예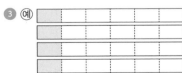

$3÷6=\dfrac{\overset{1}{\cancel{3}}}{\underset{2}{\cancel{6}}}=\dfrac{1}{2}$

⑤ (예)

$$2 \div 4 = \frac{\overset{1}{\cancel{2}}}{\underset{2}{\cancel{4}}} = \frac{1}{2}$$

 ⑥ (예)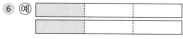

$$2 \div 3 = \frac{2}{3}$$

⑦ $\frac{1}{4} + \frac{5}{16} = \frac{4}{16} + \frac{5}{16} = \frac{9}{16}$

 ⑧ (예)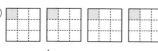

$$4 \div 9 = \frac{4}{9}$$

선생님놀이

③ 4를 6으로 나눌 때 나누어지는 수 4는 분자가 되고, 나누는 수 6은 분모가 되므로 $\frac{4}{6} = \frac{2}{3}$ 예요.

⑤ 2를 4로 나눌 때 나누어지는 수 2는 분자가 되고, 나누는 수 4는 분모가 되므로 $\frac{2}{4} = \frac{1}{2}$ 이에요.

개념 키우기　　016쪽

① 식: $5 \div 7 = \frac{5}{7}$　　답: $\frac{5}{7}$

② (1) 식: $\frac{3}{5} + 1\frac{2}{5} = 2$　　답: 2

　(2) 식: $2 \div 4 = \frac{1}{2}$　　답: $\frac{1}{2}$

　(3) 식: $2 \div 5 = \frac{2}{5}$　　답: $\frac{2}{5}$

① 길이가 5 m인 리본을 7조각으로 나누면 $5 \div 7 = \frac{5}{7}$(m)입니다.

② (1) 사과주스와 포도주스를 섞으면 $\frac{3}{5} + 1\frac{2}{5} = 2$(L)입니다.

　(2) 2 L를 4명이 나누어 마시면 한 사람이 마실 수 있는 주스는 $2 \div 4 = \frac{2}{4} = \frac{1}{2}$(L)입니다.

　(3) 2 L를 5명이 나누어 마시면 한 사람이 마실 수 있는 주스는 $2 \div 5 = \frac{2}{5}$(L)입니다.

개념 다시보기　　017쪽

① $\frac{1}{5}$　　　　　② $\frac{1}{8}$

③ $\frac{4}{5}$　　　　　④ $\frac{2}{3}$

⑤ $\frac{5}{6}$　　　　　⑥ $\frac{3}{7}$

⑦ $\frac{2}{11}$　　　　⑧ $\frac{5}{9}$

⑨ $\frac{7}{9}$　　　　　⑩ $\frac{3}{13}$

도전해 보세요　　017쪽

① 9, 7　　　　② (1) $1\frac{1}{3}$　(2) $3\frac{1}{2}$

① $1\frac{2}{7}$ 를 가분수로 고치면 $\frac{9}{7}$ 입니다. 자연수의 나눗셈식으로 나타내면 $9 \div 7 = 1\frac{2}{7}$ 입니다.

② (1) 4를 3으로 나눌 때 나누어지는 수 4는 분자가 되고, 나누는 수 3은 분모가 되므로 $\frac{4}{3} = 1\frac{1}{3}$ 이 됩니다.

　(2) 7을 2로 나눌 때 나누어지는 수 7은 분자가 되고, 나누는 수 2는 분모가 되므로 $\frac{7}{2} = 3\frac{1}{2}$ 이 됩니다.

2단계　1보다 큰 (자연수)÷(자연수)의 몫을 분수로 나타내기

▶ 배운 것을 기억해 볼까요?　　018쪽

① (1) 20　(2) 30　　② (1) $\frac{5}{6}$　(2) $\frac{4}{9}$

개념 익히기　　019쪽

① $\frac{3}{2}$, $1\frac{1}{2}$

② $\frac{5}{4}$, $1\frac{1}{4}$

　(예)

③ $\frac{4}{3}$, $1\frac{1}{3}$

〔예〕

④ $\frac{6}{5}$, $1\frac{1}{5}$

〔예〕

⑤ $\frac{8}{7}$, $1\frac{1}{7}$

〔예〕

⑥ $\frac{7}{4}$, $1\frac{3}{4}$

〔예〕

⑦ $\frac{7}{6}$, $1\frac{1}{6}$

〔예〕

개념 다지기　　　　　020쪽

① $\frac{5}{2}$, $2\frac{1}{2}$

〔예〕

② $\frac{8}{5}$, $1\frac{3}{5}$

〔예〕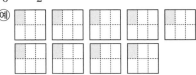

③ $\frac{9}{6}$, $1\frac{1}{2}$

〔예〕

④ $\frac{6}{4}$, $1\frac{1}{2}$

〔예〕

⑤ $2\frac{3}{4}$

⑥ $\frac{10}{6}$, $1\frac{2}{3}$

⑦ $\frac{7}{5}$, $1\frac{2}{5}$

⑧ $\frac{6}{5}$, $1\frac{1}{5}$

⑨ $\frac{12}{7}$, $1\frac{5}{7}$

⑩ $\frac{17}{8}$, $2\frac{1}{8}$

선생님놀이

② 8을 5로 나눌 때 나누어지는 수 8은 분자가 되고, 나누는 수 5는 분모가 되므로 $\frac{8}{5}=1\frac{3}{5}$이에요.

⑥ 10을 6으로 나눌 때 나누어지는 수 10은 분자가 되고, 나누는 수 6은 분모가 되므로 $\frac{10}{6}=\frac{5}{3}=1\frac{2}{3}$예요.

개념 다지기　　　　　021쪽

① $7\div3=\frac{7}{3}=2\frac{1}{3}$

② $9\div4=\frac{9}{4}=2\frac{1}{4}$

③ $7\div2=\frac{7}{2}=3\frac{1}{2}$

④ $10\div6=\frac{10}{6}=1\frac{2}{3}$

⑤ $9\div6=\frac{9}{6}=1\frac{1}{2}$

⑥ $25\div9=\frac{25}{9}=2\frac{7}{9}$

⑦ $12\div7=\frac{12}{7}=1\frac{5}{7}$

⑧ $2\times1\frac{1}{3}=2\times\frac{4}{3}=\frac{8}{3}=2\frac{2}{3}$

⑨ $\frac{7}{5}\times\frac{2}{7}=\frac{2}{5}$

⑩ $20\div6=\frac{20}{6}=3\frac{1}{3}$

선생님놀이

⑤ 9를 6으로 나눌 때 나누어지는 수 9는 분자가 되고, 나누는 수 6은 분모가 되므로 $\frac{9}{6}=\frac{3}{2}=1\frac{1}{2}$이에요.

⑩ 20을 6으로 나눌 때 나누어지는 수 20은 분자가 되고, 나누는 수 6은 분모가 되므로 $\frac{20}{6}=\frac{10}{3}=3\frac{1}{3}$이에요.

① 식: $10 \div 4 = 2\frac{1}{2}$ 　　　　　답: $2\frac{1}{2}$

② (1) 식: $20 \div 3 = 6\frac{2}{3}$ 　　　답: $6\frac{2}{3}$

　 (2) 식: $15 \div 2 = 7\frac{1}{2}$ 　　　답: $7\frac{1}{2}$

　 (3) 고구마, $\frac{5}{6}$

① 찰흙 10개를 4명이 똑같이 나누어 사용하면 한 사람이 사용할 수 있는 양은 $10 \div 4 = \frac{10}{4} = \frac{5}{2} = 2\frac{1}{2}$(개)입니다.

② (1) 넓이가 20 m²인 큰 텃밭에 3개의 작물을 똑같이 나누어 심었습니다. 따라서 배추를 심은 곳의 넓이는 $20 \div 3 = \frac{20}{3} = 6\frac{2}{3}$(m²)입니다.

　 (2) 넓이가 15 m²인 작은 텃밭에 2개의 작물을 똑같이 나누어 심었습니다. 따라서 고구마를 심은 곳의 넓이는 $15 \div 2 = \frac{15}{2} = 7\frac{1}{2}$(m²)입니다.

　 (3) 고구마밭은 $7\frac{1}{2}$ m²이고, 배추밭은 $6\frac{2}{3}$ m²이므로 자연수 부분이 더 큰 수인 고구마밭이 더 넓습니다. 가분수로 고치고 통분하여 계산하면 $7\frac{1}{2} - 6\frac{2}{3} = \frac{15}{2} - \frac{20}{3} = \frac{45}{6} - \frac{40}{6} = \frac{5}{6}$이므로 고구마밭이 $\frac{5}{6}$ m² 더 넓습니다.

① $\frac{3}{2}$, $1\frac{1}{2}$

예

② $\frac{7}{3}$, $2\frac{1}{3}$

예

③ $\frac{8}{6}$, $1\frac{1}{3}$ 　　　④ $\frac{5}{4}$, $1\frac{1}{4}$

⑤ $\frac{12}{7}$, $1\frac{5}{7}$ 　　　⑥ $\frac{9}{5}$, $1\frac{4}{5}$

⑦ $\frac{29}{9}$, $3\frac{2}{9}$ 　　　　　⑧ $\frac{17}{8}$, $2\frac{1}{8}$

① $12 \div 9 = \frac{\overset{4}{\cancel{12}}}{\underset{3}{\cancel{9}}} = 1\frac{1}{3}$

② (1) $\frac{2}{7}$ 　　　　　　(2) $\frac{2}{11}$

① 12를 9로 나눌 때 나누어지는 수 12는 분자가 되고, 나누는 수 9는 분모가 되므로 $12 \div 9 = \frac{\overset{4}{\cancel{12}}}{\underset{3}{\cancel{9}}} = 1\frac{1}{3}$이 됩니다.

② (1) $\frac{6}{7}$을 3등분 하면 몫은 $\frac{2}{7}$가 됩니다.

　 (2) $\frac{8}{11}$을 4등분 하면 몫은 $\frac{2}{11}$가 됩니다.

3단계 (진분수)÷(자연수)

1 (1) 16　(2) 24　　　2 (1) 4, 6　　(2) 8, 12

① $\frac{3}{7}$

② $\frac{1}{5}$

③ $\frac{2}{11}$

139

④ $\frac{4}{9}$

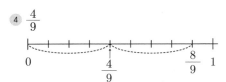

⑤ $\frac{2}{15}$, $\frac{6}{15}$ ⑥ $\frac{5}{18}$, $\frac{15}{18}$

⑦ $\frac{2}{15}$,

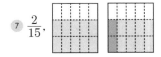

⑧ $\frac{5}{14}$,

개념 다지기　026쪽

① $\frac{2}{11}$,

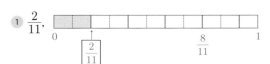

② $\frac{2}{7}$,

③ $\frac{3}{10}$,

④ $\frac{2}{15}$,

⑤ 2, 3, 4, 5

⑥ $\frac{3}{10}$,

⑦ $\frac{5}{18}$,

⑧ $\frac{2}{12}$,

선생님놀이

🐰 분자 6을 3으로 나누면 분자는 2가 되므로 $\frac{2}{7}$ 예요.

🐰 분자 3을 자연수 2의 배수로 바꾸려면 분자, 분모에 2를 곱하여 크기가 같은 분수 $\frac{6}{10}$으로 바꾸어 준 후 계산해요. $\frac{6}{10}$에서 분자 6은 2로 나누어지므로 계산하면 $\frac{6}{10} \div 2 = \frac{3}{10}$ 이에요.

개념 다지기　027쪽

① $\frac{6}{8} \div 2 = \frac{6 \div 2}{8} = \frac{3}{8}$ ② $\frac{8}{9} \div 2 = \frac{8 \div 2}{9} = \frac{4}{9}$

③ $\frac{4}{7} \div 2 = \frac{4 \div 2}{7} = \frac{2}{7}$ ④ $3 \div 7 = \frac{3}{7}$

⑤ $\frac{8}{9} \div 4 = \frac{8 \div 4}{9} = \frac{2}{9}$ ⑥ $\frac{10}{12} \div 5 = \frac{10 \div 5}{12} = \frac{2}{12} = \frac{1}{6}$

⑦ $\frac{3}{5} \div 2 = \frac{6}{10} \div 2 = \frac{6 \div 2}{10} = \frac{3}{10}$

⑧ $\frac{2}{4} \div 3 = \frac{6}{12} \div 3 = \frac{6 \div 3}{12} = \frac{2}{12} = \frac{1}{6}$

⑨ $24 \div 18 = \frac{24}{18} = \frac{4}{3} = 1\frac{1}{3}$

⑩ $\frac{5}{7} \div 4 = \frac{20}{28} \div 4 = \frac{20 \div 4}{28} = \frac{5}{28}$

선생님놀이

🐰 ③ 분자 4를 2로 나누면 분자는 2가 되므로 $\frac{2}{7}$ 예요.

🐰 ⑧ 분자 2를 자연수 3의 배수로 바꾸려면 분자, 분모에 3을 곱하여 크기가 같은 분수 $\frac{6}{12}$으로 바꾸어 준 후 계산해요. $\frac{6}{12}$에서 분자 6은 3으로 나누어지므로 계산하면 $\frac{6}{12} \div 3 = \frac{2}{12} = \frac{1}{6}$ 이에요.

개념 키우기　028쪽

① 식: $\frac{4}{7} \div 4 = \frac{1}{7}$ 답: $\frac{1}{7}$

② (1) 12

(2) 식: $\frac{18}{7} \div 12 = \frac{3}{14}$ 답: $\frac{3}{14}$

① 끈 $\frac{4}{7}$ m를 이용하여 정사각형 모양을 만들면 한 변의 길이는 $\frac{4}{7} \div 4 = \frac{4 \div 4}{7} = \frac{1}{7}$ (m)입니다.

② (1) 가로등과 가로등 사이의 간격이므로 가로등의 개수보다 하나 적게 됩니다.

(2) 도로의 길이는 $\frac{18}{7}$ m이고 간격은 12군데이므로 가로등 사이의 간격은 $\frac{18}{7} \div 12 = \frac{36}{14} \div 12 = \frac{36 \div 12}{14} = \frac{3}{14}$ (m)입니다.

개념 다시보기 **029쪽**

① $\frac{2}{7}$,

② $\frac{5}{24}$,

③ $\frac{1}{12}$ ④ $\frac{3}{10}$ ⑤ $\frac{2}{5}$

⑥ $\frac{7}{40}$ ⑦ $\frac{5}{21}$ ⑧ $\frac{5}{72}$

도전해 보세요 **029쪽**

① $\frac{6}{9} \div 3 = \frac{6 \div 3}{9} = \frac{2}{9}$

② (1) $\frac{3}{7}$ (2) $\frac{1}{4}$

① 진분수와 자연수의 나눗셈에서는 분모를 자연수로 나누지 않고 분자만 자연수로 나누어 준 후 몫을 구합니다.

② (1) $\frac{9}{7} \div 3 = \frac{9 \div 3}{7} = \frac{3}{7}$

(2) $\frac{15}{12} \div 5 = \frac{15 \div 5}{12} = \frac{3}{12} = \frac{1}{4}$

4단계 (분수)÷(자연수)를 (분수)×(분수)로 나타내기

◀ **배운 것을 기억해 볼까요?** **030쪽**

① (1) $\frac{9}{25}$ (2) $\frac{5}{18}$ ② (1) $\frac{3}{10}$ (2) $\frac{3}{55}$

개념 익히기 **031쪽**

① $\frac{3}{8}$ ② $\frac{4}{15}$ ③ 4, $\frac{5}{28}$ ④ 5, $\frac{7}{30}$

⑤ 4, $\frac{5}{16}$ ⑥ 3, $\frac{5}{24}$ ⑦ 2, $\frac{3}{20}$ ⑧ 5, $\frac{2}{45}$

⑨ 2, $\frac{4}{9}$ ⑩ 4, $\frac{7}{48}$

개념 다지기 **032쪽**

① $\frac{4}{3}$, $\frac{1}{4}$, $\frac{1}{3}$ ② $\frac{15}{9}$, $\frac{1}{3}$, $\frac{5}{9}$

③ $\frac{11}{6}$, $\frac{1}{5}$, $\frac{11}{30}$ ④ $\frac{4}{3}$, $1\frac{1}{3}$

⑤ $\frac{16}{7}$, $\frac{1}{4}$, $\frac{4}{7}$ ⑥ $\frac{7}{5}$, $\frac{1}{3}$, $\frac{7}{15}$

⑦ $\frac{5}{2}$, $2\frac{1}{2}$ ⑧ $\frac{21}{10}$, $\frac{1}{6}$, $\frac{7}{20}$

⑨ $\frac{9}{4}$, $\frac{1}{3}$, $\frac{3}{4}$ ⑩ $\frac{18}{13}$, $\frac{1}{9}$, $\frac{2}{13}$

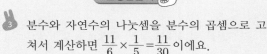

③ 분수와 자연수의 나눗셈을 분수의 곱셈으로 고쳐서 계산하면 $\frac{11}{6} \times \frac{1}{5} = \frac{11}{30}$ 이에요.

⑧ 분수와 자연수의 나눗셈을 분수의 곱셈으로 고쳐서 계산하면 $\frac{21}{10} \times \frac{1}{6} = \frac{7}{20}$ 이에요.

개념 다지기 **033쪽**

① $\frac{2}{5} \div 2 = \frac{2}{5} \times \frac{1}{2} = \frac{2}{10} = \frac{1}{5}$

② $\frac{5}{6} \div 3 = \frac{5}{6} \times \frac{1}{3} = \frac{5}{18}$

③ $\frac{8}{9} \div 3 = \frac{8}{9} \times \frac{1}{3} = \frac{8}{27}$

④ $\frac{10}{7} \div 4 = \frac{10}{7} \times \frac{1}{4} = \frac{5}{14}$

⑤ $1\frac{3}{4} \times \frac{5}{8} = \frac{7}{4} \times \frac{5}{8} = \frac{35}{32} = 1\frac{3}{32}$

⑥ $\frac{8}{5} \div 5 = \frac{8}{5} \times \frac{1}{5} = \frac{8}{25}$

⑦ $\frac{5}{9} \times \frac{5}{6} = \frac{25}{54}$

⑧ $\frac{27}{8} \div 6 = \frac{27}{8} \times \frac{1}{6} = \frac{9}{16}$

9 $\frac{27}{5} \div 3 = \frac{27}{5} \times \frac{1}{3} = \frac{9}{5} = 1\frac{4}{5}$

10 $\frac{28}{9} \div 2 = \frac{28}{9} \times \frac{1}{2} = \frac{14}{9} = 1\frac{5}{9}$

선생님놀이

2 분수와 자연수의 나눗셈을 분수의 곱셈으로 고쳐서 계산하면 $\frac{5}{6} \times \frac{1}{3} = \frac{5}{18}$ 예요.

10 분수와 자연수의 나눗셈을 분수의 곱셈으로 고쳐서 계산하면 $\frac{28}{9} \times \frac{1}{2} = \frac{14}{9} = 1\frac{5}{9}$ 예요.

개념 키우기　　　　　　　　　　**034쪽**

1 식: $\frac{7}{5} \div 5 = \frac{7}{25}$　　　답: $\frac{7}{25}$

2 (1) 식: $2 - \frac{1}{3} = 1\frac{2}{3}$　　답: $1\frac{2}{3}$

　(2) 식: $\frac{5}{3} \div 3 = \frac{5}{9}$　　답: $\frac{5}{9}$

1 자전거를 타고 5분 동안 $\frac{7}{5}$ km를 달렸으므로 1분 동안 달린 거리는 $\frac{7}{5} \div 5 = \frac{7}{5} \times \frac{1}{5} = \frac{7}{25}$ (km)입니다.

2 (1) 우유 2 L를 나누어 마셨더니 $\frac{1}{3}$ L가 남았으므로 나누어 마신 우유의 양은 $2 - \frac{1}{3} = \frac{6}{3} - \frac{1}{3} = \frac{5}{3} = 1\frac{2}{3}$ (L)입니다.

　(2) 우유 $1\frac{2}{3}$ L를 3명이 나누어 마셨으므로 한 사람이 마신 우유의 양은 $1\frac{2}{3} \div 3 = \frac{5}{3} \div 3 = \frac{5}{3} \times \frac{1}{3} = \frac{5}{9}$ (L)입니다.

개념 다시보기　　　　　　　　　**035쪽**

1 3, $\frac{1}{4}$　2 2, $\frac{5}{14}$　3 4, $\frac{7}{24}$　4 $\frac{7}{9}$, $\frac{1}{3}$, $\frac{7}{27}$

5 $\frac{3}{7}$　6 $\frac{6}{25}$　7 $\frac{5}{108}$　8 $\frac{11}{70}$

도전해 보세요　　　　　　　　　**035쪽**

1 $\frac{3}{35}$

2 (1) $\frac{2}{5}$　　(2) $\frac{4}{9}$

1 계산 결과가 가장 작으려면 가장 작은 수를 가장 큰 수로 나누어야 하므로 $\frac{3}{5} \div 7 = \frac{3}{5} \times \frac{1}{7} = \frac{3}{35}$ 또는 $\frac{3}{7} \div 5 = \frac{3}{7} \times \frac{1}{5} = \frac{3}{35}$ 이 됩니다.

2 (1) $1\frac{3}{5} \div 4 = \frac{8}{5} \div 4 = \frac{8 \div 4}{5} = \frac{2}{5}$

　(2) $2\frac{2}{9} \div 5 = \frac{20}{9} \div 5 = \frac{20 \div 5}{9} = \frac{4}{9}$

5단계　(대분수)÷(자연수)

배운 것을 기억해 볼까요?　　　　**036쪽**

1 (1) $\frac{3}{4}$　　(2) $\frac{5}{13}$　　2 (1) $\frac{1}{10}$　　(2) $\frac{7}{54}$

개념 익히기　　　　　　　　　　**037쪽**

1 12, 12, $\frac{3}{5}$; 12, 12, 4, $\frac{3}{5}$

2 16, 16, $\frac{2}{5}$; 16, 16, 8, $\frac{2}{5}$

3 28, 28, $\frac{4}{3}$, $1\frac{1}{3}$; 28, 28, 7, $\frac{4}{3}$, $1\frac{1}{3}$

4 24, 24, $\frac{4}{7}$; 24, 24, 6, $\frac{4}{7}$

5 5, 5, 3, 3, $\frac{5}{12}$, $\frac{5}{12}$; 5, 5, 3, $\frac{5}{12}$

개념 다지기　　　　　　　　　　**038쪽**

1 $\frac{15}{2}$, 3, 15, 3, 2, $\frac{5}{2}$, $2\frac{1}{2}$; $\frac{15}{2}$, 3, $\frac{15}{2}$, $\frac{1}{3}$, $\frac{5}{2}$, $2\frac{1}{2}$

2 $\frac{9}{4}$, 3, 9, 3, 4, $\frac{3}{4}$; $\frac{9}{4}$, 3, $\frac{9}{4}$, $\frac{1}{3}$, $\frac{3}{4}$

3 $\frac{15}{4}$, 5, 15, 5, 4, $\frac{3}{4}$; $\frac{15}{4}$, 5, $\frac{15}{4}$, $\frac{1}{5}$, $\frac{3}{4}$

4 $\frac{21}{5}$, 7, 21, 7, 5, $\frac{3}{5}$; $\frac{21}{5}$, 7, $\frac{21}{5}$, $\frac{1}{7}$, $\frac{3}{5}$

⑤ $\frac{35}{6}$, 4, 35, 4, 6, 4, 4, 140, 4, 24, $\frac{35}{24}$, $1\frac{11}{24}$;

$\frac{35}{6}$, 4, $\frac{35}{6}$, $\frac{1}{4}$, $\frac{35}{24}$, $1\frac{11}{24}$

선생님놀이

② **방법1** $2\frac{1}{4}\div3$에서 대분수를 가분수로 바꾸면 $\frac{9}{4}\div3$이에요. 분자를 자연수로 나누면 $\frac{9\div3}{4}=\frac{3}{4}$이에요.

방법2 $2\frac{1}{4}\div3$에서 대분수를 가분수로 바꾸면 $\frac{9}{4}\div3$이에요. 나눗셈을 곱셈으로 바꾸어 계산하면 $\frac{9}{4}\times\frac{1}{3}=\frac{3}{4}$이에요.

⑤ **방법1** $5\frac{5}{6}\div4$에서 대분수를 가분수로 바꾸면 $\frac{35}{6}\div4$예요. 분자가 자연수로 나누어지지 않으므로 분자를 4의 배수로 바꾸면 $\frac{35\times4}{6\times4}\div4$이므로 $\frac{140\div4}{24}=\frac{35}{24}=1\frac{11}{24}$ 이에요.

방법2 $5\frac{5}{6}\div4$에서 대분수를 가분수로 바꾸면 $\frac{35}{6}\div4$예요. 나눗셈을 곱셈으로 바꾸어 계산하면 $\frac{35}{6}\times\frac{1}{4}=\frac{35}{24}=1\frac{11}{24}$ 이에요.

개념 다지기 039쪽

① $3\frac{3}{7}\div3=\frac{24}{7}\div3=\frac{24\div3}{7}=\frac{8}{7}=1\frac{1}{7}$

$3\frac{3}{7}\div3=\frac{24}{7}\div3=\frac{24}{7}\times\frac{1}{3}=\frac{8}{7}=1\frac{1}{7}$

② $2\frac{1}{6}\div13=\frac{13}{6}\div13=\frac{13\div13}{6}=\frac{1}{6}$

$2\frac{1}{6}\div13=\frac{13}{6}\div13=\frac{13}{6}\times\frac{1}{13}=\frac{1}{6}$

③ $2\frac{4}{5}\div2=\frac{14}{5}\div2=\frac{14\div2}{5}=\frac{7}{5}=1\frac{2}{5}$

$2\frac{4}{5}\div2=\frac{14}{5}\div2=\frac{14}{5}\times\frac{1}{2}=\frac{7}{5}=1\frac{2}{5}$

④ $4\frac{8}{11}\div4=\frac{52}{11}\div4=\frac{52\div4}{11}=\frac{13}{11}=1\frac{2}{11}$

$4\frac{8}{11}\div4=\frac{52}{11}\div4=\frac{52}{11}\times\frac{1}{4}=\frac{13}{11}=1\frac{2}{11}$

⑤ $3\frac{2}{9}\div5=\frac{29}{9}\div5=\frac{29\times5}{9\times5}\div5=\frac{145\div5}{45}=\frac{29}{45}$

$3\frac{2}{9}\div5=\frac{29}{9}\div5=\frac{29}{9}\times\frac{1}{5}=\frac{29}{45}$

⑥ $4\frac{6}{11}\div2=\frac{50}{11}\div2=\frac{50\div2}{11}=\frac{25}{11}=2\frac{3}{11}$

$4\frac{6}{11}\div2=\frac{50}{11}\div2=\frac{50}{11}\times\frac{1}{2}=\frac{25}{11}=2\frac{3}{11}$

⑦ $4\frac{3}{5}\div9=\frac{23}{5}\div9=\frac{23\times9}{5\times9}\div9=\frac{207\div9}{45}=\frac{23}{45}$

$4\frac{3}{5}\div9=\frac{23}{5}\div9=\frac{23}{5}\times\frac{1}{9}=\frac{23}{45}$

⑧ $3\frac{3}{8}\times\frac{4}{13}=\frac{27}{8}\times\frac{4}{13}=\frac{27}{26}=1\frac{1}{26}$

⑨ $\frac{7}{12}\times6\frac{6}{7}=\frac{7}{12}\times\frac{48}{7}=4$

⑩ $6\frac{2}{3}\div10=\frac{20}{3}\div10=\frac{20\div10}{3}=\frac{2}{3}$

$6\frac{2}{3}\div10=\frac{20}{3}\div10=\frac{20}{3}\times\frac{1}{10}=\frac{2}{3}$

선생님놀이

④ **방법1** $4\frac{8}{11}\div4$에서 대분수를 가분수로 바꾸면 $\frac{52}{11}\div4$예요. 분자를 자연수로 나누면 $\frac{52\div4}{11}=\frac{13}{11}=1\frac{2}{11}$ 예요.

방법2 $4\frac{8}{11}\div4$에서 대분수를 가분수로 바꾸면 $\frac{52}{11}\div4$예요. 나눗셈을 곱셈으로 바꾸어 계산하면 $\frac{52}{11}\times\frac{1}{4}=\frac{13}{11}=1\frac{2}{11}$ 예요.

⑦ **방법1** $4\frac{3}{5}\div9$에서 대분수를 가분수로 바꾸면 $\frac{23}{5}\div9$예요. 분자가 자연수로 나누어지지 않으므로 분자를 9의 배수로 바꾸면 $\frac{23\times9}{5\times9}\div9$이므로 $\frac{207\div9}{45}=\frac{23}{45}$ 이에요.

방법2 $4\frac{3}{5}\div9$에서 대분수를 가분수로 바꾸면 $\frac{23}{5}\div9$예요. 나눗셈을 곱셈으로 바꾸어 계산하면 $\frac{23}{5}\times\frac{1}{9}=\frac{23}{45}$ 이에요.

1 식: $3\frac{1}{8}\div5=\frac{5}{8}$　　　　답: $\frac{5}{8}$

2 (1) (윗변의 길이+아랫변의 길이)×(높이)÷2

　(2) 식: $2\frac{1}{6}+6\frac{5}{6}=9$　답: 9

　(3) 식: $9\times\square\div2=20\frac{1}{4}$, $\square=20\frac{1}{4}\times2\div9=4\frac{1}{2}$

　　답: $4\frac{1}{2}$

1 털실 $3\frac{1}{8}$ m를 5명이 똑같이 나누어 가지면 한 사람이 가지는 털실의 길이는 $3\frac{1}{8}\div5=\frac{25}{8}\div5=\frac{25}{8}\times\frac{1}{5}=\frac{5}{8}$(m)입니다.

2 (1) 사다리꼴의 넓이를 구하는 방법은 {(윗변의 길이)+(아랫변의 길이)}×(높이)÷2입니다.

　(2) 사다리꼴의 윗변의 길이는 $2\frac{1}{6}$ cm이고 아랫변의 길이는 $6\frac{5}{6}$ cm이므로 두 길이의 합은 $2\frac{1}{6}+6\frac{5}{6}=8\frac{6}{6}=9$(cm)입니다.

　(3) 사다리꼴의 높이를 $\square$라고 하면 사다리꼴의 넓이는 $9\times\square\div2=20\frac{1}{4}$(cm²)입니다. 따라서 $\square=20\frac{1}{4}\times2\div9=4\frac{1}{2}$이므로 사다리꼴의 높이는 $4\frac{1}{2}$ cm입니다.

1 10, 10, $\frac{2}{3}$; 10, 10, 5, $\frac{2}{3}$

2 7, 7, $\frac{1}{2}$; 7, 7, 7, $\frac{1}{2}$

3 $\frac{4}{5}$　　4 $\frac{13}{24}$　　5 $\frac{11}{12}$　　6 $\frac{13}{18}$

1 1, 2, 3, 4

2 (1) $\frac{2}{5}$ 또는 0.4　　(2) $1\frac{3}{10}$ 또는 1.3

---

1 $1\frac{2}{3}\div4=\frac{5}{3}\times\frac{1}{4}=\frac{5}{12}$이므로 $\frac{\square}{12}<\frac{5}{12}$가 되려면 $\square$는 5보다 작은 자연수입니다. 따라서 1, 2, 3, 4가 들어갈 수 있습니다.

2 (1) $1.2\div3=\frac{12}{10}\div3=\frac{12\div3}{10}=\frac{4}{10}=\frac{2}{5}$

　(2) $3.9\div3=\frac{39}{10}\div3=\frac{39\div3}{10}=1\frac{3}{10}$

6단계 자연수의 나눗셈을 이용한 (소수 한 자리 수)÷(자연수)

1 (1) 12　　　　　(2) 12

2 (1) 0.3, 0.03　　(2) 5.2, 52

1 1.2　　　2 2.3　　　3 2.1

4 1.1　　　5 14.2　　　6 23.3

7 12.1　　　8 43.2　　　9 33.1

1 13, 1.3　　　　　　2 12, $\frac{1}{10}$, 1.2

3 44, $\frac{1}{10}$, 4.4　　　4 18, $\frac{1}{10}$, 1.8

5 56.1, 561, 5610　　6 87, $\frac{1}{10}$, 8.7

7 138, $\frac{1}{10}$, 13.8　　8 144, 1.44

9 115, $\frac{1}{10}$, 57.5, 11.5　　10 143, $\frac{1}{10}$, 85.8, 14.3

선생님놀이

4 소수를 자연수로 바꾸어 72÷4=18을 이용하여 계산해요. 나누어지는 수는 소수 한 자리 수이므로 몫을 $\frac{1}{10}$배 하면 1.8이에요.

10 소수를 자연수로 바꾸어 858÷6=143을 이용하여 계산해요. 나누어지는 수는 소수 한 자리 수이므로 몫을 $\frac{1}{10}$배 하면 14.3이에요.

10

$$633 \div 3 = 211$$
$\frac{1}{10}$배 $\downarrow$ $\quad$ $\downarrow$ $\frac{1}{10}$배
$$63.3 \div 3 = 21.1$$

선생님놀이

2 소수를 자연수로 바꾸어 84÷2=42를 이용하여 계산해요. 나누어지는 수는 소수 한 자리 수이므로 몫을 $\frac{1}{10}$배 하면 4.2예요.

9 소수를 자연수로 바꾸어 624÷2=312를 이용하여 계산해요. 나누어지는 수는 소수 한 자리 수이므로 몫을 $\frac{1}{10}$배 하면 31.2예요.

(개념 다지기)　　　　　　　　　　**045쪽**

1
$$69 \div 3 = 23$$
$\frac{1}{10}$배 $\downarrow$ $\quad$ $\downarrow$ $\frac{1}{10}$배
$$6.9 \div 3 = 2.3$$

2
$$84 \div 2 = 42$$
$\frac{1}{10}$배 $\downarrow$ $\quad$ $\downarrow$ $\frac{1}{10}$배
$$8.4 \div 2 = 4.2$$

3
$$44 \div 4 = 11$$
$\frac{1}{10}$배 $\downarrow$ $\quad$ $\downarrow$ $\frac{1}{10}$배
$$4.4 \div 4 = 1.1$$

4

	2	.	4
×			3
	7	.	2

5
$$488 \div 2 = 244$$
$\frac{1}{10}$배 $\downarrow$ $\quad$ $\downarrow$ $\frac{1}{10}$배
$$48.8 \div 4 = 24.4$$

6
$$996 \div 3 = 332$$
$\frac{1}{10}$배 $\downarrow$ $\quad$ $\downarrow$ $\frac{1}{10}$배
$$99.6 \div 3 = 33.2$$

7

	3	.	3
×	0	.	3
0	.	9	9

8
$$844 \div 4 = 211$$
$\frac{1}{10}$배 $\downarrow$ $\quad$ $\downarrow$ $\frac{1}{10}$배
$$84.4 \div 4 = 21.1$$

9
$$624 \div 2 = 312$$
$\frac{1}{10}$배 $\downarrow$ $\quad$ $\downarrow$ $\frac{1}{10}$배
$$62.4 \div 2 = 31.2$$

(개념 키우기)　　　　　　　　　　**046쪽**

1 식: 4.8÷2=2.4　　　　　　　　답: 2.4
2 식: 33.6÷3=11.2　　　　　　　답: 11.2
3 (1) 식: 8.8÷4=2.2　　　　　　답: 2.2
　　(2) 식: 2.2×2.2=4.84　　　　답: 4.84
　　(3) 식: 4.84×100=484　　　　답: 484

1 철사 4.8 m를 똑같이 2도막으로 나누어 자르면 철사 한 도막의 길이는 4.8÷2=2.4(m)입니다.
2 물 33.6 L를 물통 3개에 똑같이 나누어 담으면 물통 한 개에 33.6÷3=11.2(L)입니다.
3 (1) 정사각형 모양 타일의 둘레가 8.8 cm이므로 타일 한 변의 길이는 8.8÷4=2.2(cm)입니다.
　　(2) 타일 한 변의 길이는 2.2 cm이므로 타일 한 장의 넓이는 2.2×2.2=4.84(cm²)입니다.
　　(3) 타일 한 장의 넓이는 4.84 cm²이므로 타일 100장의 넓이는 4.84×100=484(cm²)입니다.

(개념 다시보기)　　　　　　　　　　**047쪽**

1 2.1　　　　　　　　　　**2** 3.2

3 44, 4.4　　　　　　　　**4** 21, 2.1

5 111, $\frac{1}{10}$, 11.1　　　　**6** 231, $\frac{1}{10}$, 23.1

7 101, $\frac{1}{10}$, 70.7, 10.1　　**8** 163, $\frac{1}{10}$, 81.5, 16.3

047쪽

① $84.8 \div 4 = 21.2$

② (1) 2.33 (2) 2.18

> ① 소수를 자연수로 바꾸어 $848 \div 4 = 212$를 이용하여 계산할 수 있습니다. 나누어지는 수는 소수 한 자리 수이므로 몫도 $\frac{1}{10}$배 하면 21.2가 됩니다.
>
> ② (1) 소수를 자연수로 바꾸어 $699 \div 3 = 233$을 이용하여 계산할 수 있습니다. 나누어지는 수가 소수 두 자리 수이므로 몫을 $\frac{1}{100}$배 하면 $6.99 \div 3 = 2.33$이 됩니다.
>
> (2) 소수를 자연수로 바꾸어 $872 \div 4 = 218$을 이용하여 계산할 수 있습니다. 나누어지는 수가 소수 두 자리 수이므로 몫을 $\frac{1}{100}$배 하면 $8.72 \div 4 = 2.18$이 됩니다.

7단계 자연수의 나눗셈을 이용한 (소수 두 자리 수)÷(자연수)

배운 것을 기억해 볼까요? **048쪽**

① (1) 9 (2) 7 ② (1) 12.1 (2) 12.4

개념 익히기 **049쪽**

① 2.21 ② 1.23 ③ 2.11
④ 1.01 ⑤ 2.31 ⑥ 3.24
⑦ 1.22 ⑧ 1.11 ⑨ 3.13

개념 다지기 **050쪽**

① 134, 1.34 ② 232, $\frac{1}{100}$, 2.32
③ 112, $\frac{1}{100}$, 1.12 ④ 114, $\frac{1}{100}$, 1.14
⑤ 16, $\frac{1}{10}$, 1.6 ⑥ 118, $\frac{1}{100}$, 1.18

⑦ 72, $\frac{1}{100}$, 0.72 ⑧ 117, $\frac{1}{100}$, 1.17
⑨ 133, $\frac{1}{100}$, 9.31, 1.33 ⑩ 339, $\frac{1}{100}$, 6.78, 3.39

선생님놀이

 ④ 소수를 자연수로 바꾸어 $456 \div 4 = 114$를 이용하여 계산해요. 나누어지는 수는 소수 두 자리 수이므로 몫을 $\frac{1}{100}$배 하면 1.14예요.

⑩ 소수를 자연수로 바꾸어 $678 \div 2 = 339$를 이용하여 계산해요. 나누어지는 수는 소수 두 자리 수이므로 몫을 $\frac{1}{100}$배 하면 3.39예요.

개념 다지기 **051쪽**

① $336 \div 3 = 112$
$\frac{1}{100}$배 ↓   ↓ $\frac{1}{100}$배
$3.36 \div 3 = 1.12$

② $848 \div 4 = 212$
$\frac{1}{100}$배 ↓   ↓ $\frac{1}{100}$배
$8.48 \div 4 = 2.12$

③ $595 \div 5 = 119$
$\frac{1}{100}$배 ↓   ↓ $\frac{1}{100}$배
$5.95 \div 5 = 1.19$

④ $684 \div 6 = 114$
$\frac{1}{100}$배 ↓   ↓ $\frac{1}{100}$배
$6.84 \div 6 = 1.14$

⑤ $272 \div 2 = 136$
$\frac{1}{100}$배 ↓   ↓ $\frac{1}{100}$배
$2.72 \div 2 = 1.36$

⑥ $896 \div 8 = 112$
$\frac{1}{100}$배 ↓   ↓ $\frac{1}{100}$배
$8.96 \div 8 = 1.12$

⑦
	9	.	6	3
+	3	.	8	
1	3	.	4	3

⑧
	4	.	5	2
−	3	.	7	5
	0	.	7	7

⑨
$$609 \div 3 = 203$$
$\frac{1}{100}$배 ↓   ↓ $\frac{1}{100}$배
$$6.09 \div 3 = 2.03$$

⑩
$$791 \div 7 = 113$$
$\frac{1}{100}$배 ↓   ↓ $\frac{1}{100}$배
$$7.91 \div 7 = 1.13$$

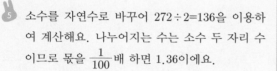
선생님놀이

③ 소수를 자연수로 바꾸어 595÷5=119를 이용하여 계산해요. 나누어지는 수는 소수 두 자리 수이므로 몫을 $\frac{1}{100}$배 하면 1.19예요.

⑤ 소수를 자연수로 바꾸어 272÷2=136을 이용하여 계산해요. 나누어지는 수는 소수 두 자리 수이므로 몫을 $\frac{1}{100}$배 하면 1.36이에요.

개념 키우기   052쪽

① 식: 2.65÷5=0.53   답: 0.53

② (1) 이동 거리를 연료의 양으로 나누어 알 수 있습니다.
   (2) ㉮: 12.13, ㉯: 16.13, ㉰: 11.31
   (3) ㉯

① 밀가루 2.65 kg으로 5개의 빵을 만들었으므로 빵 한 개를 만드는 데 사용한 밀가루는 2.65÷5=0.53(kg)입니다.

② (2) ㉮: 7 L로 84.91 km 이동했으므로 1 L로 84.91÷7=12.13(km)를 이동할 수 있습니다.
   ㉯: 3 L로 48.39 km 이동했으므로 1 L로 48.39÷3=16.13(km)를 이동할 수 있습니다.
   ㉰: 5 L로 56.55 km 이동했으므로 1 L로 56.55÷5=11.31(km)를 이동할 수 있습니다.

(3) ㉯ 자동차는 연료 1 L로 16.13 km를 이동할 수 있으므로 세 자동차 중 가장 먼 거리를 이동할 수 있습니다.

개념 다시보기   053쪽

① 2.44   ② 1.44
③ 321, 3.21   ④ 139, 1.39
⑤ 153, $\frac{1}{100}$, 1.53   ⑥ 114, $\frac{1}{100}$, 1.14
⑦ 214, $\frac{1}{100}$, 8.56, 2.14   ⑧ 101, $\frac{1}{100}$, 9.09, 1.01

도전해 보세요   053쪽

① 10배   ② (1) 12.64   (2) 14.37

① 소수를 자연수로 바꾸면 636÷4=159이므로
   ㉠ 63.6÷4=15.9, ㉡ 6.36÷4=1.59입니다.
   1.59×10=15.9이므로 ㉠은 ㉡의 10배입니다.

② (1) 소수를 자연수로 바꾸어 11376÷9=1264를 이용하여 계산하면 나누어지는 수가 소수 두 자리 수이므로 몫을 $\frac{1}{100}$배 하면 113.76÷9=12.64가 됩니다.
   (2) 소수를 자연수로 바꾸어 10059÷7=1437을 이용하여 계산하면 나누어지는 수가 소수 두 자리 수이므로 몫을 $\frac{1}{100}$배 하면 100.59÷7=14.37이 됩니다.

8단계   각 자리에서 나누어떨어지지 않는 (소수)÷(자연수)

배운 것을 기억해 볼까요?   054쪽

① (1) 2.8   (2) 6.9   ② (1) 1.14   (2) 1.12

① (1) 2.4   (2) 2.4

② (1) 98, 98, 14, 1.4   (2) 1.4

③ (1) 176, 44, 4.4   (2) 4.4

④ (1) 235, 235, 47, 4.7   (2) 4.7

⑤ (1) 378, 378, 42, 4.2   (2) 4.2

① 536, 536, 134, 1.34

② 411, 411, 137, 1.37

③ 5865, 5865, 1173, 11.73

④ 231, $\frac{1}{10}$, 23.1, $\frac{1}{100}$, 2.31

⑤ 4.57   ⑥ 7.86

⑦ 8.89   ⑧ 13.6

⑨ 1.7   ⑩ 18.3

선생님놀이

 나누어지는 수를 분수로 고쳐서 분수의 나눗셈을 계산하면 $\frac{411}{100} \div 3 = \frac{411 \div 3}{100} = \frac{137}{100} = 1.37$이에요.

 자연수의 나눗셈과 같은 방법으로 계산하면 3144÷4=786이에요. 나누어지는 수가 소수 두 자리 수이므로 몫의 소수점도 소수 두 자리 수가 되도록 찍으면 7.86이에요.

① $\frac{78}{10} \div 3 = \frac{78 \div 3}{10}$
$= \frac{26}{10} = 2.6$

② $\frac{224}{10} \div 7 = \frac{224 \div 7}{10}$
$= \frac{32}{10} = 3.2$

③ $\frac{34}{10} \div 2 = \frac{34 \div 2}{10}$
$= \frac{17}{10} = 1.7$

④ $\frac{329}{10} \div 7 = \frac{329 \div 7}{10}$
$= \frac{47}{10} = 4.7$

⑥ $\frac{668}{10} \div 4 = \frac{668 \div 4}{10}$
$= \frac{167}{10} = 16.7$

⑦ $\frac{552}{10} \div 6 = \frac{552 \div 6}{10}$
$= \frac{92}{10} = 9.2$

⑧ $\frac{15828}{100} \div 12 = \frac{15828 \div 12}{100}$
$= \frac{1319}{100} = 13.19$

선생님놀이

 자연수의 나눗셈과 같은 방법으로 계산하면 34÷2=17이에요. 나누어지는 수가 소수 한 자리 수이므로 몫의 소수점도 소수 한 자리 수가 되도록 찍으면 1.7이에요.

 자연수의 나눗셈과 같은 방법으로 계산하면 15828÷12=1319예요. 나누어지는 수가 소수 두 자리 수이므로 몫의 소수점도 소수 두 자리 수가 되도록 찍으면 13.19예요.

개념 키우기 058쪽

1 식: 5.2÷4=1.3 　　　　　답: 1.3

2 (1) 식: 7.6÷4=1.9 　　　답: 1.9

　 (2) 식: 12.6÷7=1.8 　　답: 1.8

　 (3) ㉮

---

1 철사 5.2 m를 이용하여 정사각형 모양을 만들면 한 변의 길이는 5.2÷4=1.3(m)입니다.

2 (1) 76 mm=7.6 cm이므로 ㉮ 도시에 4일 동안 내린 비의 양은 7.6 cm입니다. 따라서 하루 동안 내린 비의 양은 7.6÷4=1.9(cm)입니다.

　 (2) 126 mm=12.6 cm이므로 ㉯ 도시에 7일 동안 내린 비의 양은 12.6 cm입니다. 따라서 하루 동안 내린 비의 양은 12.6÷7=1.8(cm)입니다.

　 (3) 하루 동안 내린 비의 양이 ㉮ 도시는 1.9 cm, ㉯ 도시는 1.8 cm이므로 ㉮ 도시가 더 많습니다.

개념 다시보기 059쪽

1 52, 52, 13, 1.3 　　　2 576, 576, 144, 1.44

3 5.5 　　　　　　　　　4 1.19

5 4.3 　　　　　　　　　6 3.77

7 1.16 　　　　　　　　　8 1.25

도전해 보세요 059쪽

1

```
        8 . 8
   3 ) 2 6 4
       2 4
         2 4
         2 4
            0
```

2 (1) 0.6 　　　(2) 0.5

---

1 나누어지는 수가 소수 한 자리 수이므로 몫의 소수점도 소수 한 자리 수가 되도록 찍으면 8.8입니다.

2 (1) 소수를 자연수로 바꾸어 84÷14=6을 이용하여 계산하면 나누어지는 수가 소수 한 자리 수이므로 몫을 $\frac{1}{10}$배 하면 8.4÷14=0.6이 됩니다.

　 (2) 소수를 자연수로 바꾸어 115÷23=5를 이용하여 계산하면 나누어지는 수가 소수 한 자리 수이므로 몫을 $\frac{1}{10}$배 하면 11.5÷23=0.5가 됩니다.

9단계 몫이 1보다 작은 (소수)÷(자연수)

배운 것을 기억해 볼까요? 060쪽

1 (1) 6.9 　　(2) 2.3 　　2 (1) 2.86 　　(2) 3.28

개념 익히기 061쪽

1 (1) 0.7 　　　　　　　　(2) 0.7

2 (1) 16, 8, 0.8 　　　　　(2) 0.8

3 (1) 72, 72, 8, 0.8 　　　(2) 0.8

4 (1) 63, 63, 9, 0.9 　　　(2) 0.9

5 (1) 36, 36, 9, 0.9 　　　(2) 0.9

6 (1) 56, 56, 7, 0.7 　　　(2) 0.7

개념 다지기 062쪽

1 365, 365, 73, 0.73 　　2 516, 516, 86, 0.86

3 78, 78, 26, 0.26 　　　4 168, 168, 24, 0.24

5 0.36 　　　　　　　　　6 0.37

7 0.28 　　　　　　　　　8 0.82

9 0.65 　　　　　　　　　10 0.62

2 나누어지는 수를 분수로 고쳐서 분수의 나눗셈을 계산하면 $\frac{516}{100}÷6=\frac{516÷6}{100}=\frac{86}{100}=0.86$ 이에요.

5 자연수의 나눗셈과 같은 방법으로 계산하면 324÷9=36이에요. 나누어지는 수가 소수 두 자리 수이므로 몫의 소수점도 소수 두 자리 수가 되도록 찍으면 0.36이에요.

개념 다지기　　　　　　　　**063쪽**

1 $\frac{512}{100}÷8=\frac{512÷8}{100}$
$=\frac{64}{100}=0.64$

	0 .	6	4
8)	5 .	1	2
	4 8		
		3	2
		3	2
			0

2 $\frac{45}{10}÷5=\frac{45÷5}{10}$
$=\frac{9}{10}=0.9$

	0 .	9
5)	4 .	5
	4	5
		0

3 $\frac{48}{10}÷6=\frac{48÷6}{10}$
$=\frac{8}{10}=0.8$

	0 .	8
6)	4 .	8
	4	8
		0

4 $\frac{168}{100}÷7=\frac{168÷7}{100}$
$=\frac{24}{100}=0.24$

	0 .	2	4
7)	1 .	6	8
	1 4		
		2	8
		2	8
			0

5 $\frac{336}{100}÷4=\frac{336÷4}{100}$
$=\frac{84}{100}=0.84$

	0 .	8	4
4)	3 .	3	6
	3 2		
		1	6
		1	6
			0

6

	1	2 .	5
×		0 .	6
7 .	5	0	

---

7 $\frac{657}{100}÷9=\frac{657÷9}{100}$
$=\frac{73}{100}=0.73$

	0 .	7	3
9)	6 .	5	7
	6 3		
		2	7
		2	7
			0

8 $\frac{2046}{100}÷22=\frac{2046÷22}{100}$
$=\frac{93}{100}=0.93$

		0 .	9	3
2 2)	2	0 .	4	6
	1	9 8		
			6	6
			6	6
				0

3 자연수의 나눗셈과 같은 방법으로 계산하면 48÷6=8이에요. 나누어지는 수가 소수 한 자리 수이므로 몫의 소수점도 소수 한 자리 수가 되도록 찍으면 0.8이에요.

7 자연수의 나눗셈과 같은 방법으로 계산하면 657÷9=73이에요. 나누어지는 수가 소수 두 자리 수이므로 몫의 소수점도 소수 두 자리 수가 되도록 찍으면 0.73이에요.

개념 키우기　　　　　　　　**064쪽**

1 식: 7.12÷8=0.89　　　　　　답: 0.89

2 (1) 500

　　(2) 식: 2000÷500=4　　　　답: 4

---

1 스케치북 8권의 두께는 7.12 cm이므로 스케치북 한 권의 두께는 7.12÷8=0.89(cm)입니다.

2 (1) 정수기에서 물이 3분 동안 1.5 L가 나왔으므로 1분 동안 나오는 물의 양은 1.5÷3=0.5(L)입니다. 또한 1 L= 1000 mL 이므로 0.5 L= 500 mL입니다.

　　(2) 1분 동안 500 mL가 나오므로 2000 mL 물통을 채우려면 2000÷500=4(분)이 걸립니다.

개념 다시보기　　　　　　　　**065쪽**

1 48, 6, 0.6　　　　　**2** 588, 588, 84, 0.84

3 0.62　　　　　　　　**4** 0.9

⑤ 0.96　　　　　　　　⑥ 0.49

⑦ 0.8　　　　　　　　　⑧ 0.59

④ 105, 1050, 1050, 525, 5.25

⑤ 4.74　　　　　　　　⑥ 0.83

⑦ 6.55　　　　　　　　⑧ 2.25

⑨ 2.85　　　　　　　　⑩ 4.35

도전해 보세요　　　　　　　　**065쪽**

① 0.039

② (1) 2.85　　　　　　　(2) 0.96

---

① 초코과자 12봉지가 0.468 kg이므로 1봉지의 무게
는 0.468÷12=0.039(kg)입니다.

② (1) 소수를 분수로 바꾸어 계산하면

$\dfrac{57}{10} \div 2 = \dfrac{57}{10} \times \dfrac{1}{2} = \dfrac{57}{20} = \dfrac{285}{100} = 2.85$입니다.

(2) 소수를 분수로 바꾸어 계산하면

$\dfrac{48}{10} \div 5 = \dfrac{48}{10} \times \dfrac{1}{5} = \dfrac{48}{50} = \dfrac{96}{100} = 0.96$입니다.

10단계 소수점 아래 0을 내려 계산하는
(소수)÷(자연수)

배운 것을 기억해 볼까요?　　　　　　　　**066쪽**

① (1) 1.68 (2) 1.25　　② 0.26, 0.13

개념 익히기　　　　　　　　**067쪽**

① (1) 1.75　　　　　　　(2) 1.75

② (1) 620, 620, 155, 1.55　　(2) 1.55

③ (1) 78, 780, 780, 156, 1.56　　(2) 1.56

④ (1) 99, 990, 990, 165, 1.65　　(2) 1.65

⑤ (1) 94, 940, 940, 235, 2.35　　(2) 2.35

⑥ (1) 86, 860, 860, 172, 1.72　　(2) 1.72

개념 다지기　　　　　　　　**068쪽**

① 196, 1960, 1960, 245, 2.45

② 75, 750, 750, 125, 1.25

③ 186, 1860, 1860, 465, 4.65

선생님놀이

 나누어지는 수를 분수로 고쳐서 분수의 나눗셈
을 계산하면 $\dfrac{186}{10} \div 4 = \dfrac{1860}{100} \div 4 = \dfrac{1860 \div 4}{100}$
$= \dfrac{465}{100} = 4.65$예요.

⑦

```
        6 . 5 5
  4 ) 2 6 . 2
      2 4
        2 2
        2 0
          2 0
          2 0
            0
```

자연수의 나눗셈과 같은 방
법으로 계산하고, 나누어떨
어지지 않으면 나누어지는
수의 소수점 아래 0을 내려
계산하면 6.55예요.

개념 다지기　　　　　　　　**069쪽**

① $\dfrac{123}{10} \div 5 = \dfrac{1230}{100} \div 5$
$= \dfrac{1230 \div 5}{100} = \dfrac{246}{100}$
$= 2.46$

```
        2 . 4 6
  5 ) 1 2 . 3 0
      1 0
        2 3
        2 0
          3 0
          3 0
            0
```

② $\dfrac{612}{10} \div 8 = \dfrac{6120}{100} \div 8$
$= \dfrac{6120 \div 8}{100} = \dfrac{765}{100}$
$= 7.65$

```
        7 . 6 5
  8 ) 6 1 . 2 0
      5 6
        5 2
        4 8
          4 0
          4 0
            0
```

③ $\dfrac{48}{10} \div 6 = \dfrac{48 \div 6}{10}$
$= \dfrac{8}{10} = 0.8$

```
        0 . 8
  6 ) 4 . 8
      4 8
        0
```

④

```
      2 . 1 5
  ×         8
  1 7 . 2 0
```

151

⑤ $\dfrac{477}{10} \div 6 = \dfrac{4770}{100} \div 6$
$= \dfrac{4770 \div 6}{100} = \dfrac{795}{100}$
$= 7.95$

⑥ $\dfrac{283}{10} \div 5 = \dfrac{2830}{100} \div 5$
$= \dfrac{2830 \div 5}{100} = \dfrac{566}{100}$
$= 5.66$

		7	.	9	5
6	)	4	7	.	7
		4	2		
			5	7	
			5	4	
				3	0
				3	0
					0

			5	.	6	6
5	)	2	8	.	3	
		2	5			
			3	3		
			3	0		
				3	0	
				3	0	
					0	

⑦ $\dfrac{74}{10} \div 4 = \dfrac{740}{100} \div 4$
$= \dfrac{740 \div 4}{100} = \dfrac{185}{100} = 1.85$

⑧ $\dfrac{609}{10} \div 14 = \dfrac{6090}{100} \div 14$
$= \dfrac{6090 \div 14}{100} = \dfrac{435}{100} = 4.35$

		1	.	8	5
4	)	7	.	4	
		4			
		3	4		
		3	2		
			2	0	
			2	0	
				0	

				4	.	3	5
1	4	)	6	0	.	9	
			5	6			
				4	9		
				4	2		
					7	0	
					7	0	
						0	

선생님놀이

🐰 ② 자연수의 나눗셈과 같은 방법으로 계산하고, 나누어떨어지지 않으면 나누어지는 수의 소수점 아래 0을 내려 계산하면 7.65예요.

🐰 ⑥ 자연수의 나눗셈과 같은 방법으로 계산하고, 나누어떨어지지 않으면 나누어지는 수의 소수점 아래 0을 내려 계산하면 5.66이에요.

(개념 키우기)　　　　　　　　**070쪽**

① 식: $4.6 \div 4 = 1.15$　　　답: 1.15
② 식: $6.2 \div 5 = 1.24$　　　답: 1.24
③ (1) 식: $7.5 \div 6 = 1.25$　　답: 1.25
　 (2) 식: $9.2 \div 8 = 1.15$　　답: 1.15
　 (3) **(가)**

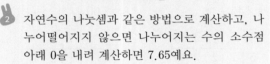

① 넓이가 4.6 cm²인 정사각형 모양의 색종이를 4

조각으로 나누었으므로 색종이 한 조각의 넓이는 $4.6 \div 4 = 1.15 (cm^2)$입니다.

② 6.2 m에 딸기 모종 6개를 같은 간격으로 심으려면 모종 사이의 간격은 $6.2 \div 5 = 1.24 (m)$입니다.

③ (1) **(가)**의 멜론 6개의 무게가 7.5 kg이므로 멜론 한 개는 $7.5 \div 6 = 1.25 (kg)$입니다.

　 (2) **(나)**의 멜론 8개가 9.2 kg이므로 멜론 한 개는 $9.2 \div 8 = 1.15 (kg)$입니다.

　 (3) **(가)**의 멜론 한 개의 무게는 1.25 kg이고, **(나)**의 멜론 한 개의 무게는 1.15 kg이므로 **(가)**의 멜론 한 개의 무게가 더 무겁습니다.

(개념 다시보기)　　　　　　　　**071쪽**

① 730, 730, 365, 3.65
② 87, 870, 870, 145, 1.45
③ 1.34　　④ 6.35　　⑤ 7.45
⑥ 1.15　　⑦ 5.72　　⑧ 2.25

(도전해 보세요)　　　　　　　　**071쪽**

①

			6	.	0	8
6	)	3	6	.	4	8
		3	6			
				4	8	
				4	8	
						0

② (1) 0.896　　(2) 12.06

---

① 나누어지는 수의 자연수 부분이 36이므로 몫의 일의 자리는 6입니다. 나누어지는 수의 소수 첫째 자리는 4인데 나누는 수 6으로는 4를 나눌 수 없으므로 몫의 소수 첫째 자리는 0입니다. $48 \div 6 = 8$이므로 몫의 소수 둘째 자리의 수는 8이고 나누어지는 수의 소수 둘째 자리는 8입니다.

② (1)

			0	.	8	9	6
1	5	)	1	3	.	4	4
			1	2	0		
				1	4	4	
				1	3	5	
						9	0
						9	0
							0

② (2)

$$6\,)\,\overline{7\,2\,.3\,6}$$ = 12.06 형태의 세로셈

자연수의 나눗셈과 같은 방법으로 계산하고, 나누어떨어지지 않으면 나누어지는 수의 소수점 아래 0을 내려 계산하면 12.06이에요.

 ⑥

$$4\,)\,\overline{1\,6\,.3\,6}$$ = 4.09 형태의 세로셈

자연수의 나눗셈과 같은 방법으로 계산하고, 나누어야 할 수가 나누는 수보다 작은 경우에는 몫에 0을 쓰고 수를 더 내려 계산하면 4.09예요.

11단계 몫의 소수 첫째 자리가 0인 **(소수)÷(자연수)**

배운 것을 기억해 볼까요? 072쪽

① 1.35, 0.27 ② 1.44, 0.72

개념 익히기 073쪽

① (1) 1.05 (2) 1.05
② (1) 428, 107, 1.07 (2) 1.07
③ (1) 1224, 1224, 204, 2.04 (2) 2.04
④ (1) 3545, 3545, 709, 7.09 (2) 7.09
⑤ (1) 728, 728, 104, 1.04 (2) 1.04
⑥ (1) 812, 812, 203, 2.03 (2) 2.03

개념 다지기 074쪽

① 2505, 2505, 501, 5.01 ② 5663, 5663, 809, 8.09
③ 5624, 5624, 703, 7.03 ④ 4572, 4572, 508, 5.08
⑤ 6.09 ⑥ 4.09
⑦ 6.55 ⑧ 8.02
⑨ 2.09 ⑩ 9.06

선생님놀이

④ 나누어지는 수를 분수로 고쳐서 계산하면
$\frac{4572}{100} \div 9 = \frac{4572 \div 9}{100} = \frac{508}{100} = 5.08$이에요.

개념 다지기 075쪽

① $\frac{5624}{100} \div 8 = \frac{5624 \div 8}{100}$
　$= \frac{703}{100} = 7.03$

$$8\,)\,\overline{5\,6\,.2\,4} = 7.03$$

② $\frac{723}{10} \div 6 = \frac{7230}{100} \div 6$
　$= \frac{7230 \div 6}{100} = \frac{1205}{100}$
　$= 12.05$

$$6\,)\,\overline{7\,2\,.3\,0} = 12.05$$

③ $\frac{3505}{100} \div 5 = \frac{3505 \div 5}{100}$
　$= \frac{701}{100} = 7.01$

$$5\,)\,\overline{3\,5\,.0\,5} = 7.01$$

④ $\frac{3216}{100} \div 8 = \frac{3216 \div 8}{100}$
　$= \frac{402}{100} = 4.02$

$$8\,)\,\overline{3\,2\,.1\,6} = 4.02$$

⑤
$$\begin{array}{r} 4\ 8\,.6 \\ -\ 1\ 9\,.4\ 3 \\ \hline 2\ 9\,.1\ 7 \end{array}$$

⑥ $\frac{4545}{100} \div 9 = \frac{4545 \div 9}{100}$
　$= \frac{505}{100} = 5.05$

$$9\,)\,\overline{4\,5\,.4\,5} = 5.05$$

⑦ $\frac{4963}{100} \div 7 = \frac{4963 \div 7}{100} =$

$= \frac{709}{100} = 7.09$

```
        7 . 0 9
    7 ) 4 9 . 6 3
        4 9
            6 3
            6 3
                0
```

⑧ $\frac{153}{10} \div 5 = \frac{1530}{100} \div 5 =$

$\frac{1530 \div 5}{100} = \frac{306}{100} = 3.06$

```
        3 . 0 6
    5 ) 1 5 . 3
        1 5
                3 0
                3 0
                  0
```

선생님놀이

3 자연수의 나눗셈과 같은 방법으로 계산하고, 나누어야 할 수가 나누는 수보다 작은 경우에는 몫에 0을 쓰고 수를 더 내려 계산하면 7.01이에요.

8 자연수의 나눗셈과 같은 방법으로 계산하고, 나누어야 할 수가 나누는 수보다 작은 경우에는 몫에 0을 쓰고 수를 더 내려 계산하면 3.06이에요.

개념 키우기 **076쪽**

① 식: 45.25÷5=9.05   답: 9.05
② (1) 8
   (2) 식: 72.16÷8=9.02   답: 9.02
   (3) 10호

① 지우개 5개의 무게는 45.25 g이므로 지우개 한 개의 무게는 45.25÷5=9.05(g)입니다.
② (1) 사각뿔의 모서리는 밑면에 4개, 옆면에 4개로 모두 8개입니다.
   (2) 모서리 8개의 길이의 합이 72.16 cm이므로 한 모서리의 길이는 72.16÷8=9.02(cm)입니다.
   (3) 사각뿔 모양 피라미드의 한 모서리의 길이는 9.02 cm이므로 포장 상자는 한 변의 길이가 10 cm인 10호를 선택해야 합니다.

개념 다시보기 **077쪽**

① 624, 624, 208, 2.08   ② 832, 832, 208, 2.08

③ 6.08   ④ 5.03
⑤ 9.02   ⑥ 8.06
⑦ 7.05   ⑧ 4.08

도전해 보세요 **077쪽**

①
```
        7 . 0 5
    7 ) 4 9 . 3 5
        4 9
            3 5
            3 5
                0
```

② (1) 0.25   (2) 4.5

1 7의 배수 중에서 일의 자리의 수가 9인 두 자리 수는 49입니다. 따라서 몫의 일의 자리의 수는 7이고 나누어지는 수의 십의 자리는 4입니다. 몫의 소수 둘째 자리의 수는 5입니다. 7×5=35이므로 나누어지는 수의 소수 첫째 자리의 수와 둘째 자리의 수는 3, 5입니다. 3을 7로 나눌 수 없으므로 몫의 소수 첫째 자리의 수는 0입니다.

2 (1)
```
        0 . 2 5
    8 ) 2 . 0 0
        1 6
            4 0
            4 0
              0
```

(2)
```
        4 . 5
    4 ) 1 8 . 0
        1 6
            2 0
            2 0
              0
```

12단계 (자연수)÷(자연수)의 몫을 소수로 나타내기

배운 것을 기억해 볼까요? **078쪽**

① (1) 64   (2) 21   ② 2.07, 4.09

개념 익히기 **079쪽**

① (1) 1.2   (2) 1.2
② (1) 5, 5, 35, 3.5   (2) 3.5
③ (1) 5, 5, $\frac{15}{10}$, 1.5   (2) 1.5

④ (1) 5, 5, $\frac{25}{10}$, 2.5　　(2) 2.5

⑤ (1) 2, 2, $\frac{8}{10}$, 0.8　　(2) 0.8

⑥ (1) 5, 5, $\frac{15}{10}$, 1.5　　(2) 1.5

개념 다지기　　　　　　　080쪽

① $\frac{11}{4}$, $\frac{11×25}{4×25}$, 275, 2.75　　② $\frac{\overset{1}{\cancel{2}}}{\underset{4}{\cancel{8}}}$, $\frac{1×25}{4×25}$, $\frac{25}{100}$, 0.25

③ $\frac{\overset{3}{\cancel{9}}}{\underset{4}{\cancel{12}}}$, $\frac{3×25}{4×25}$, $\frac{75}{100}$, 0.75　　④ $\frac{\overset{21}{\cancel{42}}}{\underset{4}{\cancel{8}}}$, $\frac{21×25}{4×25}$, $\frac{525}{100}$, 5.25

⑤ 2.25　　⑥ 3.25　　⑦ 2.92

⑧ 1.75　　⑨ 2.75　　⑩ 0.5

선생님놀이

① 자연수와 자연수의 나눗셈을 분수로 나타내면 $\frac{11}{4}$이 되고, 분자와 분모에 25를 곱하면 $\frac{275}{100}$ =2.75예요.

⑥
```
          3 . 2 5
    8 ) 2 6 . 0 0
        2 4
          2 0
          1 6
            4 0
            4 0
               0
```

2는 8로 나눌 수 없어요. 26에 8이 3번 들어가므로 몫의 일의 자리에 3을 쓰고 순서대로 계산하면 3.25예요.

개념 다지기　　　　　　　081쪽

① $27÷4=\frac{27}{4}=\frac{27×25}{4×25}$
　$=\frac{675}{100}=6.75$

```
          6 . 7 5
    4 ) 2 7 . 0 0
        2 4
          3 0
          2 8
            2 0
            2 0
               0
```

② $15÷6=\frac{\overset{5}{\cancel{15}}}{\underset{2}{\cancel{6}}}=\frac{5×5}{2×5}=\frac{25}{10}$
　$=2.5$

```
          2 . 5
    6 ) 1 5 . 0
        1 2
          3 0
          3 0
             0
```

③ $6÷24=\frac{\overset{1}{\cancel{6}}}{\underset{4}{24}}=\frac{1×25}{4×25}$
　$=\frac{25}{100}=0.25$

```
          0 . 2 5
    2 4 ) 6 . 0 0
          4 8
          1 2 0
          1 2 0
              0
```

④ $91÷14=\frac{\overset{13}{\cancel{91}}}{\underset{2}{\cancel{14}}}=\frac{13×5}{2×5}$
　$=\frac{65}{10}=6.5$

```
          6 . 5
    1 4 ) 9 1 . 0
          8 4
            7 0
            7 0
             0
```

⑤ $1\frac{3}{4}÷3=\frac{7}{4}÷3$
　$=\frac{7}{4}×\frac{1}{3}=\frac{7}{12}$

⑥ $18÷5=\frac{18}{5}=\frac{18×2}{5×2}$
　$=\frac{36}{10}=3.6$

```
          3 . 6
    5 ) 1 8 . 0
        1 5
          3 0
          3 0
             0
```

⑦ $42÷24=\frac{\overset{7}{\cancel{42}}}{\underset{4}{24}}=\frac{7×25}{4×25}$
　$=\frac{175}{100}=1.75$

```
          1 . 7 5
    2 4 ) 4 2 . 0 0
          2 4
          1 8 0
          1 6 8
            1 2 0
            1 2 0
                0
```

⑧ $99÷12=\frac{\overset{33}{\cancel{99}}}{\underset{4}{\cancel{12}}}=\frac{33×25}{4×25}$
　$=\frac{825}{100}=8.25$

```
          8 . 2 5
    1 2 ) 9 9 . 0 0
          9 6
            3 0
            2 4
              6 0
              6 0
                0
```

선생님놀이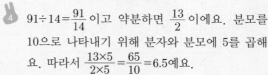

④ $91÷14=\frac{91}{14}$이고 약분하면 $\frac{13}{2}$이에요. 분모를 10으로 나타내기 위해 분자와 분모에 5를 곱해요. 따라서 $\frac{13×5}{2×5}=\frac{65}{10}=6.5$예요.

⑥ $18÷5=\frac{18}{5}$이고 분모를 10으로 나타내기 위해 분자와 분모에 2를 곱해요. 따라서 $\frac{18×2}{5×2}=\frac{36}{10}$ =3.6이에요.

1 식: 50÷8=6.25 답: 6.25
2 (1) 식: 8×15=120 답: 120
   (2) 식: 180÷120=1.5 답: 1.5
   (3) 식: 1.5×12=18 답: 18

1 재하는 50 m를 8초 만에 달렸으므로 1초에 달린 거리는 50÷8=6.25(m)입니다.
2 (1) 도넛은 한 상자에 8개씩 모두 15상자가 있으므로 모두 8×15=120(개)입니다.
   (2) 도넛 120개의 무게가 180 g이므로 도넛 한 개의 무게는 $180÷120=\frac{180}{120}=\frac{3}{2}=\frac{3×5}{2×5}=\frac{15}{10}$ =1.5(g)입니다.
   (3) 한 개의 무게가 1.5 g인 도넛을 12개씩 포장하므로 한 상자의 무게는 12×1.5=18(g)입니다.

1 5, 5, 4.5
2 2, 2, $\frac{32}{10}$, 3.2
3 2.25
4 1.25
5 1.6
6 3.75
7 4.5
8 3.75

1 (1) 4.375 (2) 1.625
2 7.35

		1	(1)						(2)				
			4	.	3	7	5			1	.	6	2	5
8	)	3	5	.	0	0	0	1	6	)	2	6	.	0	0	0
		3	2								1	6
			3	0						1	0	0
			2	4							9	6
				6	0							4	0
				5	6							3	2
					4	0							8	0
					4	0							8	0
						0								0

2 29.4÷4에서 나누어지는 수 29.4를 29로 어림하여 몫을 어림하면 몫은 약 7입니다. 따라서 소수점을 알맞게 찍으면 몫은 7.35입니다.

13단계 몫 어림하기

1 35, 52, 63
2 (위에서부터) 2.71, 1.82

1 4
2 9÷3, 3
3 36÷4, 9
4 42÷8, 5
5 50÷6, 8
6 35÷6, 6
7 62÷9, 7
8 34÷7, 5
9 18÷2, 9
10 39÷8, 5
11 12÷5, 2
12 44÷5, 9

1 19÷5, 4, 3.72
2 42÷7, 6, 6.03
3 75
4 31÷2, 15, 15.6
5 86÷4, 22, 21.6
6 61÷6, 10, 10.2
7 59÷4, 15, 14.7
8 95÷3, 32, 31.8
9 15÷3, 5, 4.97
10 53÷9, 6, 5.88

선생님놀이

2 42.21÷7에서 나누어지는 수 42.21을 42로 어림하여 몫을 어림하면 몫은 약 6이에요. 따라서 소수점을 알맞게 찍으면 6.03이에요.

8 95.4÷3에서 나누어지는 수 95.4를 95로 어림하여 몫을 어림하면 몫은 약 32예요. 따라서 소수점을 알맞게 찍으면 31.8이에요.

① 몫 4.6
18÷4 ➡ 약 5

```
        4 . 6
  4 ) 1  8 . 4
      1  6
         2  4
         2  4
            0
```

② 몫 1.9
6÷3 ➡ 약 2

```
        1 . 9
  3 ) 5 . 7
      3
      2  7
      2  7
         0
```

③ 몫 4.2
29÷7 ➡ 약 4

```
        4 . 2
  7 ) 2  9 . 4
      2  8
         1  4
         1  4
            0
```

④ 몫 6.4
58÷9 ➡ 약 6

```
        6 . 4
  9 ) 5  7 . 6
      5  4
         3  6
         3  6
            0
```

⑤ 몫 17.4
52÷3 ➡ 약 17

```
      1  7 . 4
  3 ) 5  2 . 2
      3
      2  2
      2  1
         1  2
         1  2
            0
```

⑥ 몫 3.05
43÷14 ➡ 약 3

```
          3 . 0  5
  1  4 ) 4  2 . 7
         4  2
               7  0
               7  0
                  0
```

선생님놀이

 ④ 57.6÷9에서 나누어지는 수 57.6을 58로 어림하여 몫을 어림하면 몫은 약 6이에요. 따라서 소수점을 알맞게 찍으면 6.4예요.

 ⑤ 52.2÷3에서 나누어지는 수 52.2를 52로 어림하여 몫을 어림하면 몫은 약 17이에요. 따라서 소수점을 알맞게 찍으면 17.4예요.

① 30, 5, 6, 5.9
② (1) 0.3　　　　(2) 0.06
　　(3) 식: 2.56÷8÷5=0.064　　　　답: 0.064

> **①** 심지의 길이 29.5를 어림하면 30입니다. 심지로 양초 5개를 만들 때 양초 한 개에 사용할 수 있는 심지의 길이는 약 30÷5=6(cm)입니다. 실제로 계산하면 5.9 cm입니다.
>
> **②** (1) 묽은 과산화수소 2.56 L를 약 2.4 L로 어림한 후 8개 반이 나누어 사용하면 한 개의 반이 사용할 수 있는 양은 약 2.4÷8=0.3(L)입니다.
>
> 　　(2) 약 0.3 L를 5모둠이 나누어 사용하면 한 모둠이 사용할 수 있는 양은 약 0.3÷5=0.06(L)입니다.
>
> 　　(3) 실제로 2.56 L를 8개 반 학생들이 한 반에 5모둠씩 총 40모둠이 나누어 사용한다면 한 모둠이 사용할 수 있는 양은 2.56÷40=0.064(L)입니다.

① 9, 3　　　　　　　　**②** 44, 9
③ 32÷8, 4, 3.95　　　**④** 77÷6, 13, 12.9
⑤ 41÷8, 5, 5.15　　　**⑥** 22÷7, 3, 3.16
⑦ 15÷3, 5, 4.97　　　**⑧** 11÷4, 3, 2.84

① 241÷8, 30, 30.16
② 10.5÷3, 18.5÷5, 28.8÷9

> **①** 241.28을 약 241로 어림하여 8로 나누면 약 30입니다. 따라서 소수점을 알맞게 찍으면 30.16입니다.
>
> **②** 10.5÷3을 어림하면 11÷3이고 약 4입니다(계산 결과 3.5). 18.5÷5를 어림하면 19÷5이고 약 4입니다(계산 결과 3.7). 28.8÷9를 어림하면 29÷9이고 약 3입니다(계산 결과 3.2).

배운 것을 기억해 볼까요? **090쪽**

1 (1) $\frac{5}{4}=1\frac{1}{4}$ (2) $\frac{3}{2}=1\frac{1}{2}$

2
| 7과 10의 비 | ●────● | 7 : 10 |
| 7에 대한 10의 비 | ●────● | 10 : 7 |

개념 익히기 **091쪽**

1 5, 3 **2** 10, 7 **3** 25, 5 **4** 6, 3 **5** 45, 18
6 5, 6 **7** 25, 4 **8** 20, 7 **9** 12, 5 **10** 15, 8

개념 다지기 **092쪽**

1 3, 0.6

2 6, $1\frac{1}{5}$, 1.2

3 $\frac{7}{10}$, 0.7

4 $\frac{1}{5}$, 0.2

5 $\frac{18}{25}$, 0.72

6 $\frac{4}{5}$, 0.8

7 $\frac{3}{4}$, 0.75

8 $3\frac{3}{4}$, 3.75

선생님놀이

 기준량은 20이고, 비교하는 양은 16이므로

(비율)$=\dfrac{\text{(비교하는 양)}}{\text{(기준량)}}=\dfrac{16}{20}=\dfrac{4}{5}$ 이고

소수로 나타내면 0.8이에요.

 기준량은 12이고, 비교하는 양은 45이므로

(비율)$=\dfrac{\text{(비교하는 양)}}{\text{(기준량)}}=\dfrac{45}{12}=\dfrac{15}{4}=3\dfrac{3}{4}$ 이고

소수로 나타내면 3.75예요.

개념 다지기 **093쪽**

1 $8:20=\dfrac{8}{20}=\dfrac{2}{5}$

		0	.	4
2	0 ⟌	8	.	0
		8	0	
				0

2 $20:8=\dfrac{20}{8}=\dfrac{5}{2}=2\dfrac{1}{2}$

		2	.	5
8 ⟌	2	0	.	0
	1	6		
		4	0	
		4	0	
				0

3 $2:25=\dfrac{2}{25}$

		0	.	0	8
2	5 ⟌	2	.	0	0
		2	0	0	
					0

4 $13:5=\dfrac{13}{5}=2\dfrac{3}{5}$

		2	.	6
5 ⟌	1	3	.	0
	1	0		
		3	0	
		3	0	
				0

5 $17:50=\dfrac{17}{50}$

		0	.	3	4
5	0 ⟌	1	7	.	0	0
		1	5	0	
			2	0	0
			2	0	0
					0

6 <

$\dfrac{3}{4}=\dfrac{75}{100}=0.75<0.78$

7 $27:36=\dfrac{27}{36}=\dfrac{3}{4}$

		0	.	7	5
3	6 ⟌	2	7	.	0
		2	5	2	
			1	8	0
			1	8	0
					0

8 $5:4=\dfrac{5}{4}=1\dfrac{1}{4}$

		1	.	2	5
4 ⟌	5	.	0	0	
	4				
	1	0			
		8			
		2	0		
		2	0		
			0		

선생님놀이

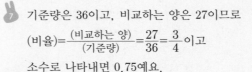

기준량은 8이고, 비교하는 양은 20이므로

(비율)$=\dfrac{\text{(비교하는 양)}}{\text{(기준량)}}=\dfrac{20}{8}=2\dfrac{1}{2}$ 이고

소수로 나타내면 2.5예요.

기준량은 36이고, 비교하는 양은 27이므로

(비율)$=\dfrac{\text{(비교하는 양)}}{\text{(기준량)}}=\dfrac{27}{36}=\dfrac{3}{4}$ 이고

소수로 나타내면 0.75예요.

개념 키우기 **094쪽**

1 175

2 (1) $\dfrac{48500}{3}$ (2) $\dfrac{3500}{9}$ (3) 서울

1 서울에서 부산까지 가는 데 걸린 시간에 대한 이동 거리의 비율에서 기준량은 걸린 시간이므로 2이고, 비교하는 양은 이동 거리이므로 350입니다. 따라서 (비율)=$\frac{(비교하는 양)}{(기준량)}$=$\frac{350}{2}$=175입니다.

2 (1) 서울의 넓이에 대한 인구의 비율에서 기준량은 서울의 넓이인 600이고 비교하는 양은 서울의 인구인 9700000입니다. 따라서 (비율)=$\frac{(비교하는 양)}{(기준량)}$=$\frac{9700000}{600}$=$\frac{48500}{3}$입니다.

(2) 제주도의 넓이에 대한 인구의 비율에서 기준량은 제주도의 넓이인 1800이고 비교하는 양은 제주도의 인구인 700000입니다. 따라서 (비율)=$\frac{(비교하는 양)}{(기준량)}$=$\frac{700000}{1800}$=$\frac{3500}{9}$입니다.

(3) 서울과 제주도의 넓이에 대한 인구의 비율을 비교해 보면 $\frac{48500}{3}$$(=\frac{145500}{9})$>$\frac{3500}{9}$이므로 넓이에 대한 인구의 비율은 서울이 더 높습니다. 즉 서울이 인구가 더 밀집한 곳입니다.

개념 다시보기   095쪽

1 10, 9   2 10, 7   3 12, 25

4 16, 18   5 $1\frac{1}{2}$, 1.5   6 $\frac{12}{25}$, 0.48

7 $\frac{1}{4}$, 0.25   8 $1\frac{9}{10}$, 1.9

도전해 보세요   095쪽

1 2.3, $\frac{7}{4}$ 2 $\frac{12}{100}$, 0.12

1 기준량이 비교하는 양보다 작으면 비율이 1보다 큽니다. 따라서 2.3과 $\frac{7}{4}$은 기준량이 비교하는 양보다 작습니다.

2 $\frac{3}{25}$과 크기가 같고 기준량이 100인 비율은 $\frac{3}{25}$=$\frac{3\times4}{25\times4}$=$\frac{12}{100}$입니다. 소수로 나타내면 0.12입니다.

15단계 백분율 구하기

배운 것을 기억해 볼까요?   096쪽

1 (1) 7, 9   (2) 4, 9

2 (1) $2\frac{1}{2}$, 2.5   (2) $\frac{3}{4}$, 0.75

개념 익히기   097쪽

1 20, 20, 20, 20   2 50, 50, 50, 50

3 20, 20, 20, 20   4 15, 15, 15, 15

5 95, 95, 95, 95   6 26, 26, 26, 26

7 40, 40, 40, 40   8 60, 60, 100, 60, 60

개념 다지기   098쪽

1 $\frac{25}{100}$, 25, 100, 25, 25

2 1, 2, $\frac{50}{100}$, 50, 100, 50, 50

3 3, 4, $\frac{75}{100}$, 75, 100, 75, 75

4 $\frac{72}{100}$, 72, 100, 72, 72

5 $\frac{38}{100}$, 38, 100, 38, 38

6 $\frac{2}{3}$

7 $\frac{49}{100}$, 49, 100, 49, 49

8 $\frac{65}{100}$, 65, 100, 65, 65

9 22.24

10 $\frac{17}{100}$, 17, 100, 17, 17

선생님놀이

 $\frac{39}{52}$를 약분하면 $\frac{3}{4}$이에요. 따라서 비율에 100을 곱하면 $\frac{39}{52}\times100$=75이므로 75 %예요.

 0.49의 기준량을 100으로 하면 0.49=$\frac{49}{100}$이므로 백분율을 구하면 49 %예요.

① 80

$$\frac{4}{5}=\frac{4\times20}{5\times20}=\frac{80}{100}=80\ \%$$

$$\frac{4}{5}\times100=80\rightarrow80\ \%$$

② 75

$$\frac{3}{4}=\frac{3\times25}{4\times25}=\frac{75}{100}=75\ \%$$

$$\frac{3}{4}\times100=75\rightarrow75\ \%$$

③ 80

$$\frac{8}{10}=\frac{8\times10}{10\times10}=\frac{80}{100}=80\ \%$$

$$\frac{8}{10}\times100=80\rightarrow80\ \%$$

④ 20

$$\frac{1}{5}=\frac{1\times20}{5\times20}=\frac{20}{100}=20\ \%$$

$$\frac{1}{5}\times100=20\rightarrow20\ \%$$

⑤ 25

$$\frac{2}{8}=\frac{1}{4}=\frac{1\times25}{4\times25}=\frac{25}{100}$$
$$=25\ \%$$

$$\frac{2}{8}\times100=25\rightarrow25\ \%$$

⑥ $\frac{3}{10}$

$$\frac{5}{9}\div6=\frac{9}{5}\times\frac{1}{6}=\frac{3}{10}$$

⑦ 50

$$\frac{2}{4}=\frac{2\times25}{4\times25}=\frac{50}{100}$$
$$=50\ \%$$

$$\frac{2}{4}\times100=50\rightarrow50\ \%$$

⑧ 55

$$\frac{11}{20}=\frac{11\times5}{20\times5}=\frac{55}{100}=55\ \%$$

$$\frac{11}{20}\times100=55\rightarrow55\ \%$$

선생님놀이

 ③ $\frac{8}{10}$의 기준량을 100으로 하면 $\frac{8}{10}=\frac{8\times10}{10\times10}$
$=\frac{80}{100}$이므로 백분율을 구하면 80 %예요.

 ⑤ $\frac{2}{8}$의 기준량을 100으로 하면 $\frac{2}{8}=\frac{1}{4}=\frac{1\times25}{4\times25}$
$=\frac{25}{100}$이므로 백분율을 구하면 25 %예요.

① 84

② (1) 20 　　　(2) 25 　　　(3) 예은

① 25번 중 21번 성공했으므로 성공률을 비율로 나타내면 $\frac{21}{25}$입니다. 기준량을 100으로 하면 $\frac{21}{25}$

$=\frac{21\times4}{25\times4}=\frac{84}{100}$이므로 백분율을 구하면 84 %입니다.

② (1) 설탕물 양에 대한 설탕의 양을 비율로 나타내면 기준량은 150 g이고, 비교하는 양은 30 g이므로 $\frac{30}{150}$입니다. 기준량을 100으로 하면 $\frac{30}{150}=\frac{1}{5}=\frac{1\times20}{5\times20}=\frac{20}{100}$이므로 백분율을 구하면 20 %입니다.

(2) 설탕물 양에 대한 설탕의 양을 비율로 나타내면 기준량은 400 g이고, 비교하는 양은 100 g이므로 $\frac{100}{400}$입니다. 기준량을 100으로 하면 $\frac{100}{400}=\frac{1}{4}=\frac{1\times25}{4\times25}=\frac{25}{100}$이므로 백분율을 구하면 25 %입니다.

(3) 설탕물 양에 대한 설탕 양의 비율은 설탕물의 진하기, 즉 농도가 됩니다. 노을이가 만든 설탕물의 진하기는 20 %, 예은이가 만든 설탕물의 진하기는 25 %로 예은이가 만든 설탕물이 더 진합니다.

① 70, 70, 70, 70

② $\frac{65}{100}$, 65, 100, 65, 65

③ $\frac{25}{100}$, 25, 100, 25, 25

④ 3, 5, $\frac{60}{100}$, 60, 100, 60, 60

⑤ 50 　　　　　　　　**⑥** 80

⑦ 15 　　　　　　　　**⑧** 33

① 37.5 　　　　　　**②** 40

① $\frac{3}{8}$을 소수로 고치면 0.375가 됩니다. 비율이 소수일 때는 소수에 100을 곱해서 백분율로 나타냅니다. $0.375\times100=37.5$이므로 백분율로 나타내면 37.5 %입니다.

② 2:5를 비율로 나타내면 $\frac{2}{5}$ 이고 □:100을 비율로

나타내면 $\frac{□}{100}$ 입니다. 기준량을 100으로 하면,

$\frac{2}{5}=\frac{2\times20}{5\times20}=\frac{40}{100}$ 이므로 □=40입니다.

16단계 직육면체의 부피 구하기

배운 것을 기억해 볼까요? **102쪽**

① (1) 50   (2) 32   ② (1) 2   (2) 3

개념 익히기 **103쪽**

① 90, 90
② 12, 3, 2, 2, 12
③ 120, 4, 5, 6, 120
④ 224, 8, 4, 7, 224
⑤ 80, 10, 2, 4, 80
⑥ 210, 7, 5, 6, 210

개념 다지기 **104쪽**

① 96
② 7, 5, 2, 70
③ 6, 7, 8, 336
④ 2, 5, 6, 60
⑤ 7, 8, 4, 224
⑥ 7, 8, 56
⑦ 3, 4, 9, 108, 108000000
⑧ 12, 5, 4, 240, 240000000

선생님놀이

 직육면체의 가로, 세로, 높이의 길이를 모두
곱하면 부피는 $7\times5\times2=70(\text{cm}^3)$예요.

 직육면체의 가로, 세로, 높이의 길이를 모두
곱하면 부피는
$3\times4\times9=108(\text{m}^3)=108000000(\text{cm}^3)$예요.

개념 다지기 **105쪽**

① $4\times2\times6=48(\text{cm}^3)$
② $9\times6\times5=270(\text{cm}^3)$
③ $4\times2\times4=32(\text{cm}^3)$
④ $7\times4\times8=224(\text{cm}^3)$
⑤ $5\times10\times4=200(\text{m}^3)$
⑥ $8\times2\times9=144(\text{m}^3)$

선생님놀이

④ 직육면체의 전개도에서 가로, 세로, 높이의 길
이를 모두 곱하면 부피는 $7\times4\times8=224(\text{cm}^3)$
예요.

⑤ 직육면체의 전개도에서 가로, 세로, 높이의 길
이를 모두 곱하면 부피는 $5\times10\times4=200(\text{m}^3)$
예요.

개념 키우기 **106쪽**

① 식: $14\times20\times10=2800$ 답: 2800
② 식: $8\times9\times6=432$ 답: 432
③ (1) 식: $9\times15\times5-3\times9\times5=540$ 답: 540
　 (2) 식: $9\times3\times5+6\times9\times5+9\times3\times5=540$ 답: 540

① 직육면체 모양의 식빵이 가로가 14 cm, 세로가
20 cm, 높이가 10 cm이므로
부피는 $14\times20\times10=2800(\text{cm}^3)$입니다.

② 선물 상자의 가로가 8 cm, 세로가 9 cm, 높이가
6 cm이므로 부피는 $8\times9\times6=432(\text{cm}^3)$입니다.

③ (1) 가로 9 m, 세로 15 m, 높이 5 m인 큰 직육면
체의 부피에서 가로 3 m, 세로 9 m, 높이 5
m인 작은 직육면체의 부피를 빼면 $9\times15\times5-$
$3\times9\times5=675-135=540(\text{m}^3)$입니다.

(2)

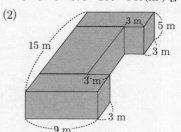

작은 직육면체 3개로 나누는 방법에는 여러

가지가 있습니다. 그중 한 가지 방법으로 가로 9 m, 세로 3 m, 높이 5 m인 작은 직육면체, 가로 6 m, 세로 6 m, 높이 5 m인 작은 직육면체, 가로 9 m, 세로 3 m, 높이 5 m인 작은 직육면체로 나누어 부피를 구해 보면 $9\times3\times5+6\times9\times5+9\times3\times5=135+270+135=540(\text{m}^3)$입니다. 어떤 방법으로 구해도 부피는 540 m^{3}로 같습니다.

개념 다시보기 **107쪽**

1. 4, 2, 3, 24, 24
2. 3, 3, 6, 54, 54
3. 270
4. 135
5. 672, 672000000
6. 192, 192000000

도전해 보세요 **107쪽**

1. 30
2. 729

1. 직육면체의 부피는 □$\times2\times9=540(\text{cm}^3)$이므로 □$=540\div2\div9=30(\text{cm})$입니다.
2. 정육면체도 직육면체이므로 (가로)×(세로)×(높이)로 부피를 구할 수 있습니다. 정육면체는 모서리의 길이가 9 cm로 모두 같으므로 계산하면 $9\times9\times9=729(\text{cm}^3)$입니다.

17단계 정육면체의 부피 구하기

배운 것을 기억해 볼까요? **108쪽**

1. (1) 160 (2) 108
2. (1) 40 (2) 96

개념 익히기 **109쪽**

1. 125, 125
2. 27, 3, 3, 3, 27
3. 343, 7, 7, 7, 343
4. 64, 4, 4, 4, 64

5. 8, 2, 2, 2, 8
6. 216, 6, 6, 6, 216
7. 512, 8, 8, 8, 512
8. 1000, 10, 10, 10, 1000

개념 다지기 **110쪽**

1. 729
2. 11, 11, 11, 1331
3. 13, 13, 13, 2197
4. 8, 8, 8, 512
5. 7, 7, 7, 343
6. 10, 5, 4, 200
7. 3, 3, 9, 81, 81000000
8. 12, 12, 12, 1728, 1728000000

선생님놀이

4. 가로, 세로, 높이의 길이는 각각 8 cm이므로 모두 곱하면 부피는 $8\times8\times8=512(\text{cm}^3)$예요.

8. 가로, 세로, 높이의 길이는 각각 12 m이므로 모두 곱하면 부피는 $12\times12\times12=1728(\text{m}^3)$예요. 1728 m^{3}를 cm^{3}로 고치면 1728000000 cm^{3}예요.

개념 다지기 **111쪽**

1. $10\times10\times10=1000(\text{cm}^3)$
2. $11\times11\times11=1331(\text{cm}^3)$
3. $12\times12\times12=1728(\text{cm}^3)$
4. $20\times20\times20=8000(\text{cm}^3)$
5. $5\times5\times5=125(\text{m}^3)$
6. $15\times15\times15=3375(\text{m}^3)$

선생님놀이

4. 정육면체의 전개도에서 가로, 세로, 높이의 길이는 각각 20 cm이므로 모두 곱하면 부피는 $20\times20\times20=8000(\text{cm}^3)$예요.

5. 정육면체의 전개도에서 가로, 세로, 높이의 길이는 각각 5 m이므로 모두 곱하면 부피는 $5\times5\times5=125(\text{m}^3)$예요.

1 식: 6×6×6=216 답: 216

2 식: 5×5×5=125 답: 125

3 (1) 8

(2) 식: 8×8×8=512 답: 512

---

1 자른 떡의 가로, 세로, 높이는 각각 6 cm이므로 떡 한 개의 부피는 6×6×6=216(cm³)입니다.

2 큐브의 가로, 세로, 높이는 각각 5 m이므로 큐브의 부피는 5×5×5=125(m³)입니다.

3 (1) 40, 24, 8의 최대공약수를 구하면 8이므로 가장 큰 정육면체로 자를 때 한 변의 길이는 8 cm로 자를 수 있습니다.

(2) 자른 정육면체의 가로, 세로, 높이는 각각 8 cm이므로 부피는 8×8×8=512(cm³)입니다.

개념 다시보기 **113쪽**

1 216, 6, 6, 6, 216   2 512, 8, 8, 8, 512

3 27   4 343

5 64, 64000000   6 1331, 1331000000

도전해 보세요 **113쪽**

1 8   2 4

---

1 정육면체의 부피는 (한 모서리의 길이)×(한 모서리의 길이)×(한 모서리의 길이)로 (한 모서리의 길이)를 모두 3번 곱하게 되므로 2×2×2=8(배)가 됩니다.

2 정육면체의 부피는 □×□×□=64(cm³)입니다. 4×4×4=64이므로 한 모서리의 길이는 4 cm입니다.

18단계 합동인 면을 이용하여
직육면체의 겉넓이 구하기

◀ 배운 것을 기억해 볼까요? **114쪽**

1 (1)   (2)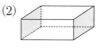

2 (1) 28   (2) 27

개념 익히기 **115쪽**

1 76

2 15, 21, 35, 71, 142

3 32, 72, 36, 140, 280

4 5, 6, 20, 24, 30, 74, 148

5 3, 7, 18, 42, 21, 81, 162

개념 다지기 **116쪽**

1 15, 40, 24, 79, 158   2 40, 40, 16, 96, 192

3 21, 84, 36, 141, 282   4 6, 22, 33, 61, 122

5 64, 32, 32, 128, 256   6 72, 54, 48, 174, 348

선생님놀이

 직육면체의 한 꼭짓점에서 만나는 세 면의 넓이는 각각 10×4=40(cm²), 10×4=40(cm²), 4×4=16(cm²)예요. 합동인 면이 2개씩 있으므로 겉넓이는 (40+40+16)×2=96×2=192(cm²)예요.

 직육면체의 한 꼭짓점에서 만나는 세 면의 넓이는 각각 8×8=64(m²), 8×4=32(m²), 8×4=32(m²)예요. 합동인 면이 2개씩 있으므로 겉넓이는 (64+32+32)×2=128×2=256(m²)예요.

개념 다지기 **117쪽**

1 (6×3+6×2+2×3)×2=(18+12+6)×2
=36×2=72(cm²)

2 (9×5+5×7+9×7)×2=(45+35+63)×2
=143×2=286(cm²)

③ $(8×12+12×5+5×8)×2=(96+60+40)×2$
   $=196×2=392(cm^2)$

④ $(4×3+3×10+4×10)×2=(12+30+40)×2$
   $=82×2=164(m^2)$

⑤ $(5×5+5×2+5×2)×2=(25+10+10)×2$
   $=45×2=90(cm^2)$

⑥ $(12×7+12×7+7×7)×2=(84+84+49)×2$
   $=217×2=434(cm^2)$

선생님놀이

④ 직육면체의 한 꼭짓점에서 만나는 세 면의 넓이
는 각각 12 m², 40 m², 30 m²이고 합동인 면이
2개씩 있으므로 2배 하면 겉넓이는 164 m²예요.

⑤ 직육면체의 한 꼭짓점에서 만나는 세 면의 넓이
는 각각 25 cm², 10 cm², 10 cm²이고 합동인
면이 2개씩 있으므로 2배 하면 겉넓이는 90 cm²
예요.

개념 키우기   **118쪽**

① 식: $(8×10+10×12+8×12)×2=592$ 답: 592

② (1) 식: $(4×6+6×20+4×20)×2=448$ 답: 448
   (2) 식: $(8×10+8×6+10×6)×2=376$ 답: 376
   (3) ④

① 직육면체 모양의 상자는 가로가 8 cm, 세로가
10 cm, 높이가 12 cm이므로 상자의 겉넓이는
$(8×10+10×12+8×12)×2$
$=(80+120+96)×2$
$=296×2=592(cm^2)$입니다.

② (1) ㉮ 상자는 가로가 4 cm, 세로가 6 cm, 높이
가 20 cm이므로 상자의 겉넓이는
$(4×6+6×20+4×20)×2$
$=(24+120+80)×2$
$=224×2=448(cm^2)$입니다.
   (2) ④ 상자는 가로가 8 cm, 세로가 10 cm, 높
이가 6 cm이므로 상자의 겉넓이는
$(8×10+8×6+10×6)×2$
$=(80+48+60)×2$
$=188×2=376(cm^2)$입니다.

(3) ㉮ 상자의 겉넓이는 448 cm²이고, ④ 상자의
겉넓이는 376 cm²이므로 ④ 상자가 포장 종
이를 더 절약할 수 있습니다.

개념 다시보기   **119쪽**

① 12, 18, 24, 108   ② 32, 24, 12, 136
③ 228   ④ 592
⑤ 410   ⑥ 126

도전해 보세요   **119쪽**

① 8   ② 44.8

① 직육면체의 겉넓이는 $(10×7+10×\square+7×\square)$
$×2=412(cm^2)$이므로 $\square$를 구하기 위해 거꾸로
계산을 해 보면 $10×\square+7×\square=136$이 됩니다.
$10×\square+7×\square$를 계산하여 136이 나오는 경우
는 $\square=8$입니다. 따라서 직육면체의 나머지 한
변의 길이는 8 cm가 됩니다.

② 직육면체의 세 모서리의 길이는 2.4 cm, 2 cm,
4 cm이므로 직육면체의 겉넓이는
$(2.4×2+2×4+2.4×4)×2=(4.8+8+9.6)×2$
$=22.4×2=44.8(cm^2)$입니다.

19단계 전개도를 이용하여
직육면체의 겉넓이 구하기

◀ **배운 것을 기억해 볼까요?**   **120쪽**

① (1) 18   (2) 22   ② 4, 5, 2

개념 익히기   **121쪽**

① 108   ② 6, 10, 12, 70, 82
③ 24, 20, 48, 40, 88

④ 6, 3, 3, 6, 3, 6, 18, 18, 36, 144, 180
⑤ 2, 5, 2, 5, 2, 5, 10, 14, 20, 126, 146

개념 다지기   **122쪽**

① 5, 4, 5, 4, 5, 4, 3, 20, 18, 3, 40, 54, 94
② 6, 3, 6, 3, 6, 3, 9, 18, 18, 9, 36, 162, 198
③ 7, 4, 7, 4, 7, 4, 5, 28, 22, 5, 56, 110, 166
④ 56, 30, 10, 112, 300, 412
⑤ 84
⑥ 32
⑦ 12, 14, 13, 24, 182, 206

선생님놀이

② 직육면체의 밑면의 넓이를 2배 하고 옆면의 넓이를 더하여 겉넓이를 계산하면 $(6×3)×2+(6+3+6+3)×9=18×2+18×9=36+162=198(cm^2)$예요.

⑦ 직육면체의 밑면의 넓이를 2배 하고 옆면의 넓이를 더하여 겉넓이를 계산하면 $(4×3)×2+(4+3+4+3)×13=12×2+14×13=24+182=206(m^2)$예요.

개념 다지기   **123쪽**

① $(6×4)×2+(6+4+6+4)×3=24×2+20×3$
$=48+60=108(cm^2)$

② $(8×4)×2+(8+4+8+4)×6=32×2+24×6$
$=64+144=208(cm^2)$

③ $(12×7)×2+(12+7+12+7)×9=84×2+38×9$
$=168+342=510(cm^2)$

④ $(6×10)×2+(6+10+6+10)×5=60×2+32×5$
$=120+160=280(m^2)$

⑤ $(10×5)×2+(5+10+5+10)×10=50×2+30×10$
$=100+300=400(m^2)$

⑥ $(15×7)×2+(15+7+15+7)×4=105×2+44×4$
$=210+176=386(cm^2)$

선생님놀이

③ 직육면체의 밑면의 넓이는 84 cm²이고 옆면의 넓이는 342 cm²이므로 밑면의 넓이를 2배 하고 옆면의 넓이를 더하여 겉넓이를 계산하면 510 cm² 예요.

⑤ 직육면체의 밑면의 넓이는 50 m²이고 옆면의 넓이는 300 m²이므로 밑면의 넓이를 2배 하고 옆면의 넓이를 더하여 겉넓이를 계산하면 400 m² 예요.

개념 키우기   **124쪽**

① 식: $180×2+54×10=900$ 답: 900
② (1) 식: $(10×5)×2=10$ 답: 100
   (2) 식: $(10+5+10+5)×30=900$ 답: 900
   (3) 식: $100+900=1000$ 답: 1000
   (4) 식: $50×50-1000=1500$ 답: 1500

① 저금통 밑면의 넓이가 180 cm²이고 둘레가 54 cm, 높이가 10 cm이므로 저금통의 겉넓이는 $180×2+54×10=360+540=900(cm^2)$입니다.

② (1) 상자의 전개도에서 밑면의 가로의 길이는 10 cm이고 세로의 길이는 5 cm이므로 두 밑면의 넓이는 $(10×5)×2=100(cm^2)$입니다.
   (2) 상자의 전개도에서 밑면의 둘레의 길이는 10+5+10+5(cm)이고 높이는 30 cm이므로 옆면의 넓이는 $(10+5+10+5)×30=30×30=900(cm^2)$입니다.
   (3) 직육면체의 밑면 2개의 넓이에 옆면의 넓이를 더하여 겉넓이를 계산하면 상자의 겉넓이는 $100+900=1000(cm^2)$입니다.
   (4) 가로, 세로가 각각 50 cm인 정사각형 모양의 도화지의 넓이에서 상자의 겉넓이를 빼면 남은 종이의 넓이는 $50×50-1000=2500-1000=1500(cm^2)$입니다.

① 5, 2, 5, 2, 5, 2, 10, 14, 20, 112, 132

② 7, 4, 7, 4, 7, 4, 28, 22, 56, 220, 276

③ 184   ④ 234

⑤ 144   ⑥ 118

도전해 보세요 125쪽

① 8   ② 216

① 직육면체의 겉넓이는 $15 \times 2 + 16 \times \square = 158(\text{cm}^2)$ 이므로 $\square$를 구하기 위해 거꾸로 계산을 해 보면 $16 \times \square = 128$이 됩니다. $16 \times \square$를 계산하여 128이 나오는 경우는 $\square = 8$입니다.

② 정육면체는 6개의 면의 넓이가 모두 같고, 한 면의 넓이는 $6 \times 6 = 36(\text{cm}^2)$이므로 구하는 겉넓이는 $36 \times 6 = 216(\text{cm}^2)$입니다.

20단계 정육면체의 겉넓이 구하기

배운 것을 기억해 볼까요? 126쪽

① (1) 9   (2) 25

① (1) 162   (2) 232

개념 익히기 127쪽

① 150

② 100, 600

③ 9, 9, 6, 81, 6, 486

④ 8, 8, 6, 64, 6, 384

⑤ 3, 3, 6, 9, 6, 54

⑥ 12, 12, 6, 144, 6, 864

개념 다지기 128쪽

① 216, 6, 6, 6, 216

② 726, 11, 11, 6, 726

③ 1350, 15, 15, 6, 1350

④ 1014, 13, 13, 6, 1014

⑤ $\dfrac{3}{4}$, $\dfrac{2}{5}$

⑥ 150

⑦ 2400, 20, 20, 6, 2400

⑧ 1944, 18, 18, 6, 1944

선생님놀이

 정육면체는 여섯 면이 모두 합동이므로 한 면의 겉넓이를 구한 후 6배 해요. 한 모서리의 길이가 13 cm이므로 겉넓이는 $13 \times 13 \times 6 = 169 \times 6 = 1014(\text{cm}^2)$예요.

 정육면체는 여섯 면이 모두 합동이므로 한 면의 겉넓이를 구한 후 6배 해요. 한 모서리의 길이가 20 m이므로 겉넓이는 $20 \times 20 \times 6 = 400 \times 6 = 2400(\text{m}^2)$예요.

개념 다지기 129쪽

① $7 \times 7 \times 6 = 49 \times 6 = 294(\text{cm}^2)$

② $22 \times 22 \times 6 = 484 \times 6 = 2904(\text{cm}^2)$

③ $14 \times 14 \times 6 = 196 \times 6 = 1176(\text{cm}^2)$

④
```
        7 . 8 6
  4 ) 3 1 . 4 4
      2 8
        3 4
        3 2
          2 4
          2 4
            0
```

⑤ $8 \times 8 \times 6 = 64 \times 6 = 384(\text{m}^2)$

⑥ $16 \times 16 \times 6 = 256 \times 6 = 1536(\text{cm}^2)$

⑦ $5 \times 5 \times 6 = 25 \times 6 = 150(\text{m}^2)$

⑧ $30 \times 30 \times 6 = 900 \times 6 = 5400(\text{cm}^2)$

② 정육면체는 여섯 면이 모두 합동이므로 한 면의 겉넓이를 구한 후 6배 해요. 한 모서리의 길이가 22 cm이므로 겉넓이는 22×22×6=484×6=2904(cm²)예요.

⑦ 정육면체는 여섯 면이 모두 합동이므로 한 면의 겉넓이를 구한 후 6배 해요. 한 모서리의 길이가 5 m이므로 겉넓이는 5×5×6=25×6=150(m²)예요.

개념 키우기 **130쪽**

① 식: 9×9×6=486 　　　　답: 486

② (1) 식: (10×10)×2+(10+10+10+10)×5=400
　　　 답: 400

　 (2) 식: (5×5×6)×4=600 　　답: 600

　 (3) 1.5

① 큐브의 한 모서리의 길이가 9 cm이므로 큐브의 겉넓이는 9×9×6=81×6=486(cm²)입니다.

② (1) 처음 두부의 세 모서리의 길이는 가로가 10 cm, 세로가 10 cm, 높이가 5 cm입니다.
　　 따라서 겉넓이는
　　 (10×10)×2+(10+10+10+10)×5
　　 =100×2+40×5
　　 =200+200=400(cm²)입니다.

　 (2) 두부를 정육면체 모양 4조각으로 잘랐을 때 한 모서리의 길이는 5 cm입니다.
　　 따라서 두부 4조각의 겉넓이는 (5×5×6)×4 =600(cm²)입니다.

　 (3) 4조각으로 자른 두부의 겉넓이는 600 cm²이고, 처음 두부의 겉넓이는 400 cm²이므로 600÷400=1.5(배) 늘어났습니다.

개념 다시보기 **131쪽**

① 2, 2, 6, 4, 6, 24　　② 6, 6, 6, 36, 6, 216
③ 1014　　　　④ 150
⑤ 2646　　　　⑥ 1176

도전해 보세요 **131쪽**

① 37.5　　　　② 9

① 한 모서리의 길이가 2.5 cm이므로 정육면체의 겉넓이는 2.5×2.5×6=6.25×6=37.5(cm²)입니다.

② 한 모서리의 길이를 □라고 하면 정육면체의 겉넓이는 □×□×6=486(cm²)입니다. □를 구하기 위해 거꾸로 계산을 해 보면 □×□ =81(cm²)입니다. 두 수를 곱해서 81이 되는 경우는 9이므로 정육면체의 한 모서리의 길이는 9 cm 입니다.

수고하셨어요.
다음 단계로 같이 가요!

연산의 발견 11권

지은이 | 전국수학교사모임 개념연산팀

초판 1쇄 인쇄일 2020년 9월 21일
초판 1쇄 발행일 2020년 9월 25일

발행인 | 한상준
편집 | 김민정·강탁준·손지원·송승민
삽화 | 조경규
디자인 | 김경희·김성인·김미숙·정은예
마케팅 | 강점원
관리 | 김혜진
종이 | 화인페이퍼
제작 | 제이오

발행처 | 비아에듀(ViaEdu Publisher)
출판등록 | 제313-2007-218호(2007년 11월 2일)
주소 | 서울시 마포구 연남동 월드컵북로6길 97(연남동 567-40) 2층
전화 | 02-334-6123 전자우편 | crm@viabook.kr
홈페이지 | viabook.kr

ⓒ 전국수학교사모임 개념연산팀, 2020
ISBN 979-11-89426-75-0 64410
ISBN 979-11-89426-64-4 (전12권)